西太平洋深渊及邻近区底栖生物图集

张海滨 等 著

科 学 出 版 社

北 京

内 容 简 介

深渊因其黑暗、低温、高压和难以进入等特点，长期被人们视为“生命荒漠”，然而这种极端环境塑造了深海特殊的生命。随着深海探测技术的快速发展，目前在全球深渊区均发现了多种生物类群。本书基于“蛟龙”号、“深海勇士”号、“奋斗者”号在西太平洋深渊及邻近区探测中所获得的高清影像资料以及采集的生物样品，对所观测到的深海底栖生物进行了分类整理，鉴定并收录了多孔动物、刺胞动物、栉水母、环节动物、软体动物、节肢动物、棘皮动物、鱼类等八大类底栖生物共计 286 种。

本书可为从事海洋生物学、海洋生态学、海洋生物多样性保护等领域的科研、教学人员及管理者提供参考，增进其对深海生物的了解。

图书在版编目（CIP）数据

西太平洋深渊及邻近区底栖生物图集 / 张海滨等著. —北京：科学出版社，2023.8

ISBN 978-7-03-073342-9

Ⅰ. ①西… Ⅱ. ①张… Ⅲ. ①西太平洋－海洋底栖生物－图集 Ⅳ. ①Q178.535-64

中国版本图书馆 CIP 数据核字（2022）第 184577 号

责任编辑：郭勇斌　彭婧煜 / 责任校对：贾伟娟
责任印制：师艳茹 / 封面设计：刘　静

科学出版社 出版
北京东黄城根北街 16 号
邮政编码：100717
http://www.sciencep.com
北京建宏印刷有限公司印刷
科学出版社发行　各地新华书店经销
*
2023 年 8 月第　一　版　开本：787×1092　1/16
2024 年11月第二次印刷　印张：14 1/2
字数：340 000

定价：238.00 元

（如有印装质量问题，我社负责调换）

《西太平洋深渊及邻近区底栖生物图集》
著 者 名 单

（按姓氏拼音排序）

蔡珊雅　龚　琳　何舜平　刘　君　王春生

肖　宁　肖云路　张海滨　张睿妍　周　洋

序

深渊区是水深超过 6000 m 的深海海域，仅占全球海底区域的 1%～2%，但却代表了垂直深度的 45%。由于其黑暗、寒冷、超高压、寡营养等环境特点，曾被认为不适于动物生存，直到 19 世纪初，科学家才证实深渊动物的存在。但是，相比于浅海，深海及深渊生物学研究仍然相对滞后。近年来我国深海探测装备与探测技术发展迅速，在国家重点基础研究发展计划（973 计划）、国家重点研发计划、中国科学院战略性先导科技专项等多个项目的支持下，国产载人潜水器“蛟龙”号、“深海勇士”号、“奋斗者”号相继投入深海科学考察应用，获得了大量珍贵深海乃至深渊底栖生物样品及原位影像资料，为开展深海生物学研究提供了极其重要的原始素材。

2021 年 2～4 月，我随“深海一号”船参加国家重点研发计划项目“蛟龙号载人潜水器科学应用与性能优化”海上试验验收期间，在西太平洋帕里西维拉海盆和菲律宾海中央裂谷带深渊区，见证了张海滨老师及他带领的研究团队，多次随“蛟龙”号下潜到 6000 m 以下深度，探索、发现、识别、捕获以及预处理、保存获得的珍贵深渊生物样品，他们科学、严谨、细致、精确的操作，给我留下深刻印象。

《西太平洋深渊及邻近区底栖生物图集》收录多孔动物、刺胞动物等底栖生物共计 286 种，包括原位生物照片 337 幅，素材来自于西太平洋马里亚纳海沟、雅浦海沟、帕里西维拉海盆、菲律宾海中央裂谷带几个深渊及邻近的深海区、海山区的生物原位影像资料。作者来自于中国科学院深海科学与工程研究所、中国科学院海洋研究所、自然资源部第二海洋研究所。

这本图集体现了科学性与实用性的特点，能够为相关深海生物多样性研究提供参考，并满足深海生物学爱好者科普需求，乐见其正式出版，欣然为之作序。

刘心成

2023 年 8 月 12 日

前　言

深渊（hadal zone）是指水深超过 6000 m 的深海区域，多分布在大洋板块向大陆板块俯冲的地带上，代表着地球上最深的海洋。海水深度每增加 10 m，水中物体所要承受的海水压力就会增加一个大气压，而作为一种独特的超高压极端环境，深渊曾被认为是不适于多细胞生物生存的。随着深海探测技术的快速发展，目前在全球深渊区均发现了多种生物类群，但相比于浅海而言，深渊区仍然是地球上被研究最少的区域之一，我们对深渊生态系统的认识依然非常有限。

在中国科学院战略性先导科技专项（B 类）“海斗深渊前沿科技问题研究与攻关”（专项编号：XDB06000000），国家重点研发计划“4500 米载人潜水器的海试及试验性应用”（项目编号：2016YFC0304900）、“蛟龙号载人潜水器科学应用与性能优化”（项目编号：2017YFC0306600）、“海斗深渊环境特征与生命演化过程”（项目编号：2018YFC0309800），国家重点基础研究发展计划（973 计划）“超深渊生物群落及其与关键环境要素的相互作用机制研究”（项目编号：2015CB755900），中国大洋矿产资源研究开发协会“富钴结壳资源评价”（项目编号：DY125-13），三亚崖州湾科技城科研项目重大专项“全海深载人潜水器深渊科考试验性应用”（项目编号：SKJC-2021-01-001），南方海洋科学与工程广东省实验室（珠海）的“深海生命与生态过程团队项目”（项目编号：NO.311019006）等项目的支持下，国产载人潜水器“蛟龙”号、“深海勇士”号、“奋斗者”号，先后在西太平洋马里亚纳海沟、雅浦海沟、帕里西维拉海盆、菲律宾海中央裂谷带等深渊及邻近区完成了多次下潜任务，获得了大批底栖生物样品和高清视频影像资料，为深海生物学研究提供了宝贵的材料。

本书整理了所获得的上述几个深渊及与其邻近的深海区、海山区的部分底栖生物原位影像资料，鉴定并收录了多孔动物、刺胞动物、栉水母、环节动物、软体动物、节肢动物、棘皮动物、鱼类等八大类底栖生物共计 286 种。依据影像拍摄角度、是否获得实物样品等情况，有的鉴定到种、属水平，有的鉴定到科、目或更高分类阶元。由于深海探测技术的限制，深海生物学研究起步较晚，而深渊更是一个充满未知的世界。一系列载人潜水器、无人潜水器的研制成功并投入使用，使我国的深海生物学研究进入了一个崭新的时代，希望本书收录的生物原位影像资料能够为相关研究提供素材，并为广大读者认识深海环境、了解深海生物提供参考。

本书作者来自于中国科学院深海科学与工程研究所、中国科学院海洋研究所、自然资源部第二海洋研究所：总论由张海滨撰写，并对全书进行了统稿和校改；在各门类的分类鉴定中，多孔动物由龚琳完成；刺胞动物由周洋完成；栉水母、节肢动物由蔡珊雅完成；环节动物、软体动物由刘君完成；棘皮动物的海百合、蛇尾由张海滨完成，海星由王春生、张睿妍、肖宁完成，海胆和海参由肖宁、肖云路完成；鱼类由何舜平、蔡珊雅完成。刘君、蔡珊雅对本书的图片进行了遴选及整理。徐奎栋、李新正、Marc Eleaume、Catherine McFadden 等分类学家为本书中物种的鉴定提供了帮助，在此谨致谢忱。

以下科学家为本书所收录照片的拍摄提供了帮助：丁抗、彭晓彤、刘心成、丁忠军、吴时国、汪建、王勇、贺丽生、杜梦然、李季伟、张维佳、程斐、徐讯、刘姗姗、谢伟、张宇、董良、田丽艳、陈顺、陈传绪、许恒超、张东声、Shamik Dasgupta、李栋、刘诗平、宋陶然、他开文、王斐、王瑞星、王寅炤、徐文景、杨浩、杨继超、张怒涛、郑丽平等，在此表示感谢。同时，特别感谢中国科学院深海科学与工程研究所“深海勇士”号和“奋斗者”号深潜团队、国家深海基地管理中心“蛟龙”号深潜团队所有成员的支持和帮助。

由于所获资料不足及作者水平有限，书中难免有疏漏之处，敬请同行和读者批评指正。

张海滨

2023 年 2 月 28 日于“探索一号”科考船

目　录

总　论

深渊区是水深超过 6000 m 的深海海域，仅占全球海底区域的 1%～2%，但却代表了垂直深度梯度最深的 45%（Jamieson et al.，2010）。不同于浅海区（<200 m）、半深海区（200～2000 m）及深海区（2000～6000 m），深渊区是深海平原向下延伸形成的相对隔离的环境，它们的大小、深度、长度均不尽相同（Stewart and Jamieson，2018）。深渊是具有黑暗、寒冷、超高压、寡营养等特征的极端环境，曾被认为不适于动物生存。但是，1901 年“爱丽丝公主”号的科考航次在 Zeleniy Mys 海槽利用拖网在水深 6035 m 处成功采集了一批螠虫动物、海星、蛇尾及底栖鱼类等样品（Jamieson，2015），说明深渊区中存在不同的动物类群。在此后的 100 多年中，随着深潜器、着陆器等深海装备的投入使用，现已在全球深渊区发现了多种动物类群，包括节肢动物、环节动物、软体动物、棘皮动物等大型底栖动物，表明深渊区生物资源的丰富程度远超人类想象。但是，相比于浅海区，深渊区仍然是地球上被研究最少的环境之一，我们对深渊生态系统的认识依然十分有限。

我国科学家近年来通过中国大洋第 37 航次、第 38 航次、“探索一号” TS01、TS03、TS09、TS21 等多个航次，利用“蛟龙”号载人深潜器、“深海勇士”号载人深潜器、“奋斗者”号载人深潜器、“天涯”号着陆器、“万泉”号着陆器等深海装备，在马里亚纳海沟及邻近海区采集了大量生物，为深入研究深渊生物的起源、演化及适应提供了宝贵的样品。

1. 深渊生物多样性

大多数海洋动物类群的代表都能够在深渊区中被发现，其中最多样化和最常见的类群包括多毛类（环节动物，约 164 种）、双壳类（软体动物，约 101 种）、腹足类（软体动物，约 85 种）和海参（棘皮动物，约 59 种）（Jamieson，2015）。这些类群都是全海深分布，而且有些种类生物量很大，尤其是海参。有些类群如双壳类，更多的分布于热液、冷泉等化能生境中（Fujikura et al.，1999；Fujiwara et al.，2001）。

下面就本图集中收录的主要类群在深渊区中的分布情况进行概述。

1.1　多孔动物门

多孔动物门（海绵）是最简单的多细胞动物之一，在深渊区中的多样性较低。虽然看起来在多个深渊中分布着不同的物种，但这些物种也同时发现于深海、半深海甚至更浅的深度（<500 m）。多数海绵的分布深度不超过 7000 m，Belyaev（1989）认为深渊海绵是一个逐渐

枯竭的深海动物类群。然而，在有些深渊中也曾发现大规模的海绵存在，如在 Vitjaz 探险中，科学家在 Emperor Trench fault 的 6272～6282 m 水深处发现了 207 个海绵样品，分属于 5 个不同的物种（Koltun，1970）。科学家们在千岛-堪察加海沟没有发现海绵，认为可能是由于海沟底部以淤泥为主，缺乏可供海绵附着的坚固基质（Belyaev，1989）。此外，科学家在汤加海沟 8950～9020 m 和菲律宾海沟 9990 m 深处发现了海绵（Jamieson，2015）。我们在“探索一号”的 TS21 航次中，在马里亚纳海沟 9000 m 以下也观测并采集到海绵样品，这些都说明深渊海绵的分布可能是由基质而不是由深度决定的（Jamieson，2015）。

1.2 刺胞动物门

刺胞动物门中的水螅纲、钵水母纲、珊瑚虫纲的一些种类在多个深渊海沟中被发现，如克马德克海沟、千岛-堪察加海沟及汤加海沟（Kramp，1956；Belyaev，1989）。Belyaev（1989）的研究中列出了分属于 7 科的 12 个水螅物种，只有一种分布在 2 个或 2 个以上的海沟。整体而言，深度超过 6500 m 的水螅种类和数量均相对稀少，因而通常不被视为深渊区的特征性物种。深渊中已知的钵水母纲的物种有 3 种，均属于 *Stephanoscyphus* 属，除了 *Ulmaridae* sp.，均采自布干维尔海沟 7847～8662 m 水深处。八放珊瑚亚纲软珊瑚目（Alcyonacea）和海鳃目（Pennatulacea）的珊瑚，曾在不同的深渊海沟中被发现，包括新不列颠和新赫布里底海沟（Lemche et al.，1976）。在已记录的 21 个物种中，有 18 个物种的分布深度小于 7000 m。

在六放珊瑚亚纲中，*Galatheanthemum* 属海葵是优势类群，几乎在每个采样的深渊海沟中都有发现（包括 16 个位于太平洋和大西洋的海沟）。这个属的 2 个物种，在万米深度也有分布，即：*Galatheanthemum hadale*（9820～10210 m，菲律宾海沟）和 *Galatheanthemum* sp.（马里亚纳海沟 10170～10730 m）。在中国科学院深海科学与工程研究所牵头发起的全球深渊深潜探索计划（Global Trench Exploration and Diving Programme，Global TREnD）第一阶段科考航次中，在马里亚纳海沟、克马德克海沟、蒂阿曼蒂那海沟均采集到 *Galatheanthemum* sp.样品。已有记录表明，Galatheanthemidae 科的物种广泛分布于多个海沟之中，除了在南极区域分布较浅（3947～4063 m）以外（Dunn，1983），它们的分布已扩展到更深的开曼海槽（5800～6500 m; Keller et al.，1975）、波多黎各海沟（5749～8130 m）和维尔京群岛海槽（4028～4408 m; Cairns et al.，2007）。这些数据表明，Galatheanthemidae 起源于南极并已扩展到多条深渊海沟。至于为什么这个科的物种，均分布于超过 5500 m 的深度（除南极以外），有待进一步研究（Jamieson，2015）。

1.3 环节动物门

环节动物门的多毛类是深渊区中最丰富和多样化的底栖无脊椎动物类群之一。在 Vitjaz 探险的拖网和抓取的动物样品中占 90%（Belyaev，1989）。在所有研究的海沟中都发现了深渊多毛类动物，包括深度超过 10 000 m 的海沟（菲律宾海沟、马里亚纳海沟和汤加海沟；

Kirkgaard，1956）。它们在深渊区的平均丰度和生物量仅次于海参和双壳类，而且它们可能是已知最多样化的深渊动物类群。Belyaev（1989）根据 Vitjaz 和 Galathea 探险的数据，列出了 7 目 26 科 50 属 75 种多毛类，其中的 30 种（40%）被认为是深渊特有物种。Paterson 等（2009）收集了 3633 条多毛类分布记录，其中多数来自于 2000 m 以深，这些记录用于检验 20 个海沟超过 6000 m 深渊的多毛类相似程度，共鉴定出 107 种多毛类动物，其中既有深渊特有物种，也有深海-深渊共有物种和一些从半深海到深渊都有分布的种类。

1.4 软体动物门

在软体动物门（贝类）中，腹足纲和双壳纲是比较具有代表性的深渊类群。现已发现这两个纲的种类在海沟中数量非常多，并且全海深分布，如在汤加海沟的 10 687 m 和马里亚纳海沟的 10 730 m 水深处，均发现了腹足类（Jamieson，2015）。在 20 世纪 50 年代 Galathea 的探险中，腹足纲是采集到的第七个主要类群（Wolff，1970）。据已有样品估计，深渊腹足纲至少包括 40 个属，经过系统的分类鉴定，其种类数量可能会达到 100 种（Belyaev，1989）。双壳类是深渊区的另一个主要类群，经常形成大量种群，特别是在化能生境中（Boulègue et al.，1987；Fujikura et al.，1999；Fujiwara et al.，2001）。除了这两个纲之外，其他软体动物如掘足纲、多板纲和单板纲，虽然也有在深渊中分布的记录，但相对较少，且分布深度一般小于 7600 m（Jamieson，2015）。

1.5 节肢动物门

节肢动物也是深渊区中的主要动物类群之一，目前在深渊区中总共发现 11 个目，特别是等足目和端足目的物种，它们几乎存在于每个海沟之中（Jamieson，2015）。就数量丰度和多样性而言，等足类是深海最重要的大型底栖动物类群（Hessler and Sanders，1967；Hessler and Strömberg，1989），在深渊中已发现的等足类物种数量超过所有其他甲壳类动物（（Belyaev，1989）。端足类属于食腐动物，在任何海洋深度都能繁衍生息（Hessler et al.，1978；Eustace et al.，2013；Jamieson et al.，2015），通过诱捕的方法，往往能获得大量的端足类个体（Blankenship et al.，2006），它们是上层海沟中的一些大型捕食者（如狮子鱼）的主要食物来源（Jamieson et al.，2015）。在“探索一号”的 TS01、TS03 航次中，科学家利用着陆器搭载诱捕笼，在马里亚纳海沟 6000～10900 m 处，获得了大量不同深度的端足类钩虾样品。

1.6 棘皮动物门

现生棘皮动物门包括海百合纲、海星纲、蛇尾纲、海胆纲和海参纲，共计 5 个纲。棘皮动物类群在深渊区中均有分布（Jamieson，2015），但呈现出不同的趋势，有些类群（如海胆）仅限于分布在较浅的深度，而另外一些类群（如海参）则为全海深分布。一些棘皮动物（如海百合）更喜欢岩石和坚硬的底质，而有些（如海参）则更喜欢较软的沉积物底质。海参是最重要的深渊动物类群之一（Hansen，1957），其大量分布，以至于深渊区被称为“海参的王国”（Belyaev，1989）。基于 Galathea 和 Vitjaz 探险的拖网数据显示，大于 6000 m 深度海参的捕获率为 88%，与多毛类相当。在“探索一号”的 TS21 航次，在马里亚纳海沟最深处，我们观测并采集到海参样品。相较于其他几个类群，海胆的分布较浅，在 9 个海沟的已知分布深度都小于 7000 m（Madsen，1956）。

1.7 鱼类

根据已有研究，超过 6000 m 的深渊鱼类共记录有 6 科 21 种（Linley et al.，2016）。1901 年，在“爱丽丝公主”号的科考航次中，从大西洋 6035 m 深处采集到第一条深渊鱼类 *Bassogigas profundissimus*（Roule，1913）。在 Galathea 探险从爪哇海沟 7160 m 深处采集到另一个深渊鱼类标本之前，*Bassogigas profundissimus* 一直被认为是“最深的鱼”。1970 年，在波多黎各海沟 8370 m 深处采集到另一种深渊鱼类 *Abyssobrotula Galathaee*（Staiger，1972；Jamieson，2015），而这也是现有最深的鱼类分布记录。基于 HADEEP 研究计划的鱼类观测数据所做的分析显示，鱼类分布的深度极限在 8000～8500 m 左右。

2. 图集中所涉深渊区的地质环境特征

2.1 马里亚纳海沟

马里亚纳海沟位于菲律宾东北、马里亚纳群岛附近的西太平洋海域，海沟全长 2550 km，平均宽度为 70 km，是世界上最深的海沟，“挑战者深渊”是海沟最深点。马里亚纳俯冲带具有典型的“沟－弧－盆”体系，是由太平洋板块向西俯冲到菲律宾海板块之下形成的洋－洋俯冲带（刘鑫等，2017）。马里亚纳海沟 5000 m 以上坡度较为平缓，在 5000 m 以下存在陡坡，其 6000 m 以下几乎完全由海沟组成（Jamieson et al.，2010）。海沟周围地形陡峭，浑浊流和地震活动周期性地引起滑坡（范雕等，2017）。海沟中营养盐主要来源于上层海水的垂直下沉、动物尸体的沉降分解以及地质构造活动。此外，由于海沟的特殊构造，通过斜坡的横向输送也会使营养盐到达海沟底部（即“漏斗效应”）（Liu et al.，2018）。Nunoura 等（2016）研究显示，马里亚纳海沟的磷酸盐（PO_4-P）、硝酸盐（NO_3-N）及亚硝酸盐（NO_2-N）浓度在深渊区和深海平原之间是相似的。溶解氧含量在表层较高，在 1000 m 深左右出现极小值，在 1000 m 以下可能由于富氧水团的存在，溶解氧呈增加趋势，在 8000 m 深具有较高的溶解氧含量（李亚男等，2020）。

2.2 雅浦海沟

雅浦海沟处于菲律宾海板块、太平洋板块和卡罗琳板块的交界处，北面是马里亚纳海沟，西南是帕劳海沟，东侧为卡罗琳海岭，最深点达 8527 m，是世界最深的海沟之一（岳新安等，2018）。雅浦海沟呈“V”字形，两侧斜坡坡度较大，有利于将海洋内的有机物集中到海沟底部，为底栖生物带来营养物质。在海沟的深处，由于地质活动引发的深层环流、化学反应等因素都可能为深渊生物群落的生存提供物质和能量（郭承秧等，2018）。雅浦海沟远离陆源物质丰富的亚洲大陆，并受到琉球海沟与菲律宾海沟的阻挡，陆源物质输入较少，沉积物以半深海、深海和火山碎屑沉积物为主，是研究深海地貌、地质构造和深海沉积物的理想场所之一（张志毅，2020）。研究发现，雅浦海沟内的深海海流不利于沉积发生，其沉积速率较低，而上层的硅质沉积很容易受到重力流影响而堆积于更深处。因此，雅浦海沟内的沉积可能是深海环流和重力流共同作用的结果（岳新安等，2018）。

2.3 帕里西维拉海盆

帕里西维拉海盆位于西太平洋菲律宾海板块东部，是其中最大的一个弧后盆地，被认为是伊豆—小笠原—马里亚纳俯冲带弧后扩张所形成的，太平洋板块的运动是帕里西维拉海盆形成发育的主要动力来源，其中弧后形成的水平张力占主导（Honza and Fujioka，2004）。海盆具有其独特的地质特征，被近似南北向的扩张中心分为明显不对称的两部分（Mrozowski and Hayes，1979；殷征欣等，2019）。东部以西马里亚纳弧为界，西部为九州-帕劳海脊，南部为马里亚纳弧和雅浦弧，在北部24°N附近与四国海盆通过索夫干断裂相接（Okino et al.，1994）。海盆东西向宽约 700 km，南北向长约 1900 km，盆地内部平均水深为 4500～5500 m，最深处水深超过 7000 m，呈狭长形，盆底呈丘状起伏，地形呈 NNE 向弧形的雁形排列（殷征欣等，2019）。

2.4 菲律宾海中央裂谷带

菲律宾海地处西太平洋边缘，位于东海、南海和西太平洋之间，被岛弧和海沟包围（李常珍等，2000）。西菲律宾海盆属于菲律宾海板块，是欧亚板块、澳大利亚板块与太平洋板块汇聚之处，板块之间活动强烈，形成复杂的构造单元（李学杰等，2017）。海盆中部的裂谷带是西菲律宾海盆的古扩张中心，为北西—南东走向长 300 km，宽 16 km，其横断面呈“V”字形，裂谷水深 5500～6000 m，最大水深超过 7000 m（刘光鼎，1992）。中央裂谷的两侧，有沿裂谷走向分布的海脊、海山和高地，它们向裂谷的一侧陡，常形成断壁直入谷底，背谷一侧相对较缓，与西菲律宾海盆底部相连。中央裂谷东南可延伸至 15°15′N、131°35′E，后分成两支，东南分支一直延伸至南部九州-帕劳海岭西坡，与该海岭西侧的狭谷相连（林美华和李乃胜，1999）。中央裂谷内部的沉积物以远洋沉积为主，沉积层序分布不均，盆地内沉积物厚度可达 300 m（董冬冬等，2017）。

参 考 文 献

董冬冬，张正一，张广旭，等，2017. 西菲律宾海盆的构造沉积特征及对海盆演化的指示——来自地球物理大断面的证据[J]. 海洋与湖沼，48（6）：1415-1425

范雕，孟书宇，邢志斌，等，2017. 利用重力异常推估海底地形[C]//国家安全地球物理丛书（十三）：军民融合与地球物理. 西安：西安地图出版社.

郭承秧，杨志，陈建芳，等，2018. 基于碳、氮稳定同位素的雅浦海沟底栖生物食物来源和营养级初探[J]. 海洋学报，40（10）：7.

李常珍，李乃胜，林美华，2000. 菲律宾海的地势特征[J]. 海洋科学，24（6）：47-51

李栋，赵军，刘诚刚，等，2018. 超深渊生境特征及生物地球化学过程研究进展[J]. 地球科学，43：162-178.

李学杰，王哲，姚永坚，等，2017. 西太平洋边缘构造特征及其演化[J]. 中国地质，44（6）：1102-1114.

李亚男，陈洪涛，谷文艳，等，2020. 马里亚纳海沟“挑战者深渊”营养盐的垂直分布特征[J]. 中国海洋大学学报：自然科学版，50（1）：74-81.

廖玉麟，1997. 中国动物志 棘皮动物门 海参纲[M]. 北京：科学出版社.

林美华，李乃胜，1999. 西菲律宾海中央断裂带地貌学研究[J]. 海洋地质与第四纪地质，19（1）：39-44.

刘光鼎，1992. 中国海区及邻域地质地球物理特征[M]. 北京：科学出版社

刘鑫，李三忠，赵淑娟，等，2017. 马里亚纳俯冲系统的构造特征[J]. 地学前缘，24（4）：329-340.

殷征欣，李正元，沈泽中，等，2019. 西太平洋帕里西维拉海盆不对称性发育特征及其成因[J]. 吉林大学学报：地球科学版，49（1）：218-229

岳新安，闫艺心，丁海兵，等，2018. 雅浦海沟沉积物的生物地球化学特征及其海洋学意义[J]. 中国海洋大学学报：自然科学版，48（3）：88-96.

张志毅，2020. 西太平洋雅浦海沟-马里亚纳海沟连接处及邻近海域的地貌特征及其对表层沉积作用的影响[D]. 青岛：山东科技大学.

Belyaev G M，1989. Deep-sea Ocean Trenches and Their Fauna[M]. Moscow：Nauka.

Blankenship L E，Yayanos A A，Cadien D B，et al.，2006. Vertical zonation patterns of scavenging amphipods from the hadal zone of the Tonga and Kermadec Trenches[J]. Deep Sea Research I：Oceanographic Research Papers，53（1）：48-61.

Boulègue J，Benedetti E L，Dron D，et al.，1987. Geochemical and biogeochemical observations on the biological communities associated with fluid venting in Nankai Trough and Japan Trench subduction zones[J]. Earth and Planetary Science Letters，83：343-355.

Cairns S D，Bayer F M，Fautin D G，2007. *Galatheanthemum profundale*（Anthozoa：Actinaria）in the western Atlantic[J]. Bulletin of Marine Science，80（1）：191-200.

Dunn D F，1983. Some Antarctic and Sub-Antarctic sea anemones（Coelenterata：Ptychodactiaria and Actiniaria）[M]//Kornicker L S. Biology of the Antarctic Seas XIV Antarctic Research Series Volume 39. Washington，D. C：American Geophysical Union.

Eustace R M，Kilgallen N M，Lacey N C，2013. Population structure of the hadal amphipod *Hirondellea gigas* from the Izu-Bonin Trench（NW Pacific；8173–9316 m）[J]. Journal of Crustacean Biology，33（6）：793-801.

Fujikura K，Kojima S，Tamaki K，et al.，1999. The deepest chemosynthesis-based community yet discovered from the hadal zone，7326 m deep，in the Japan Trench[J]. Marine Ecology Progess Series，190：17-26.

Fujiwara Y，Kato C，Masui N，et al.，2001. Dual symbiosis in the cold-seep thyasirid clam *Maorithyas hadalis* from the hadal zone in the Japan Trench，western Pacific[J]. Marine Ecology Progress Series，214：151-159.

Hansen B，1957. Holothurioidea from depths exceeding 6000 metres[J]. Galathea Report，2：33-54.

Hessler R R，Sanders H L，1967. Faunal diversity in the deep-sea[J]. Deep Sea Research and Oceanographic Abstracts，14（1）：65-70.

Hessler R R，Strömberg J O，1989. Behavior of Janiroidean isopods（Asellota），with special reference to deep-sea genre[J]. Sarsia，74：145-159.

Hessler R R，Ingram C L，Yayanos A A，et al.，1978. Scavenging amphipods from the floor of the Philippine trench[J]. Deep Sea Research，25（11）：1029-1047.

Honza E，Fujioka K，2004. Formation of arcs and backarc basins inferred from the tectonic evolution of Southeast Asia since the Late Cretaceous[J]. Tectonophysics，384（1-4）：23-53.

Jamieson A，2015. The Hadal Zone：Life in the Deepest Oceans[M]. Cambridge：Cambridge University Press.

Jamieson A J，Fujii T，Mayor D J，et al.，2010. Hadal trenches：The ecology of the deepest places on Earth[J]. Trends in Ecology and Evolution，25（3）：190-197.

Keller N，Naumov D，Pasternak F，1975. Bottom deep-sea Coelenterata from the Gulf and Caribbean[J]. Trudy Instituta Okeanologii，100：147-159.

Kirkgaard J B，1956. Benthic polychaeta from depths exceeding 6000 meters[J]. Galathea Report，2：63-78.

Koltun V M，1970. Sponges of the Arctic and Antarctic：A faunistic review[J]. Symposia of the Zoological Society of London，25：285-297.

Kramp P L，1956. Hydroids from depths exceeding 6000 meters[J]. Galathea Report，2：17-20.

Lemche H，Hansen B，Madsen F J，et al.，1976. Hadal life as analysed from photographs[J]. Videnskabelige Meddelelser Fra Dansk Naturhistorik Forening，139：263-336.

Linley T D，Gerringer M E，Yancey P H，et al.，2016. Fishes of the hadal zone including new species，*in situ* observations and depth records of hadal snailfishes[J]. Deep Sea Research Part I: Oceanographic Research Papers，114：99-110.

Liu R，Wang L，Wei Y，et al.，2018. The hadal biosphere：Recent insights and new directions[J]. Deep Sea Research Part II：Topical Studies in Oceanography，155：11-18.

Madsen F J，1956. The Echinoidea，Asteroidea，and Ophiuroidea at depths exceeding 6000 metres[J]. Galathea Report，2：23-32.

Mrozowski C L，Hayes D E，1979. The evolution of the Parece Vela Basin，eastern Philippine Sea[J]. Earth and Planetary Science Letters，46（1）：49-67

Nunoura T，Takaki Y，Hirai M，et al.，2016. Hadal biosphere：Insight into the microbial ecosystem in the deepest ocean on earth[J]. Proceedings of the National Academy of Sciences of the United States of America，112（11）：1230-1236.

Okino K，Shimakawa Y，Nagaoka J，1994. Evolution of the Shikoku Basin[J]. Journal of Geomagnetism and Geoelectricity，46：463-479.

Paterson G L J，Doner S，Budaeva N，et al.，2009. A census of abyssal polychaetes[J]. Deep Sea Research II：Topical Studies in Oceanography，56：1739-1746.

Roule L，1913. Notice préliminaire sur *Grimaldichthys profundissimus* nov. gen.，nov. sp. Poisson abyssal recueilli a 6.035 metres de profondeur dans l'Océan Atlantique par S. A. S. le Prince de Monaco[J]. Bulletin de l'Institut Oceanographique（Monaco），261：1-8.

Staiger J C，1972. *Bassogigas profundissimus*（Pisces；Brotulidae）from the Puerto Rico Trench[J]. Bulletin of Marine Science，22：26-33.

Stewart H A，Jamieson A J，2018. Habitat heterogeneity of hadal trenches：Considerations and implications for future studies[J]. Progress in Oceanography，161：47-65.

Wolff T，1970. The concept of the hadal or ultra-abyssal fauna[J]. Deep Sea Research and Oceanographic Abstracts，17（6）：983-1003.

多孔动物门 Phylum Porifera Grant, 1836

寻常海绵纲 Class Demospongiae Sollas, 1885

1. 美丽海绵科未定种 Callyspongiidae sp.

分类学地位

异骨海绵亚纲 Subclass Heteroscleromorpha Cárdenas, Pérez & Boury-Esnault, 2012

简骨海绵目 Order Haplosclerida Topsent, 1928

美丽海绵科 Family Callyspongiidae Laubenfels, 1936

采集地 马里亚纳岛弧区

深度 2558 m

2. 砂皮根枝海绵属未定种 *Chondrocladia* sp.

分类学地位

异骨海绵亚纲 Subclass Heteroscleromorpha Cárdenas, Pérez & Boury-Esnault, 2012

繁骨海绵目 Order Poecilosclerida Topsent, 1928

根枝海绵科 Family Cladorhizidae Dendy, 1922

砂皮根枝海绵属 Genus *Chondrocladia* Thomson, 1873

采集地 马里亚纳海沟

深度 5030 m

3. 根枝海绵科未定种 Cladorhizidae sp.

分类学地位

异骨海绵亚纲 Subclass Heteroscleromorpha Cárdenas, Pérez & Boury-Esnault, 2012

繁骨海绵目 Order Poecilosclerida Topsent, 1928

根枝海绵科 Family Cladorhizidae Dendy, 1922

采集地 帕里西维拉海盆

深度 5581 m

4. 繁骨海绵目未定种 Poecilosclerida sp.

分类学地位

异骨海绵亚纲 Subclass Heteroscleromorpha Cárdenas, Pérez & Boury-Esnault, 2012

繁骨海绵目 Order Poecilosclerida Topsent, 1928

采集地 帕里西维拉海盆

深度 6423 m

六放海绵纲 Class Hexactinellida Schmidt, 1870

5. 拂子介属未定种 *Hyalonema* sp.

分类学地位

双盘海绵亚纲 Subclass Amphidiscophora Schulze, 1886

双盘海绵目 Order Amphidiscosida Schrammen, 1924

拂子介科 Family Hyalonematidae Gray, 1857

拂子介属 Genus *Hyalonema* Gray, 1832

采集地 马里亚纳岛弧区

深度 约 3100 m

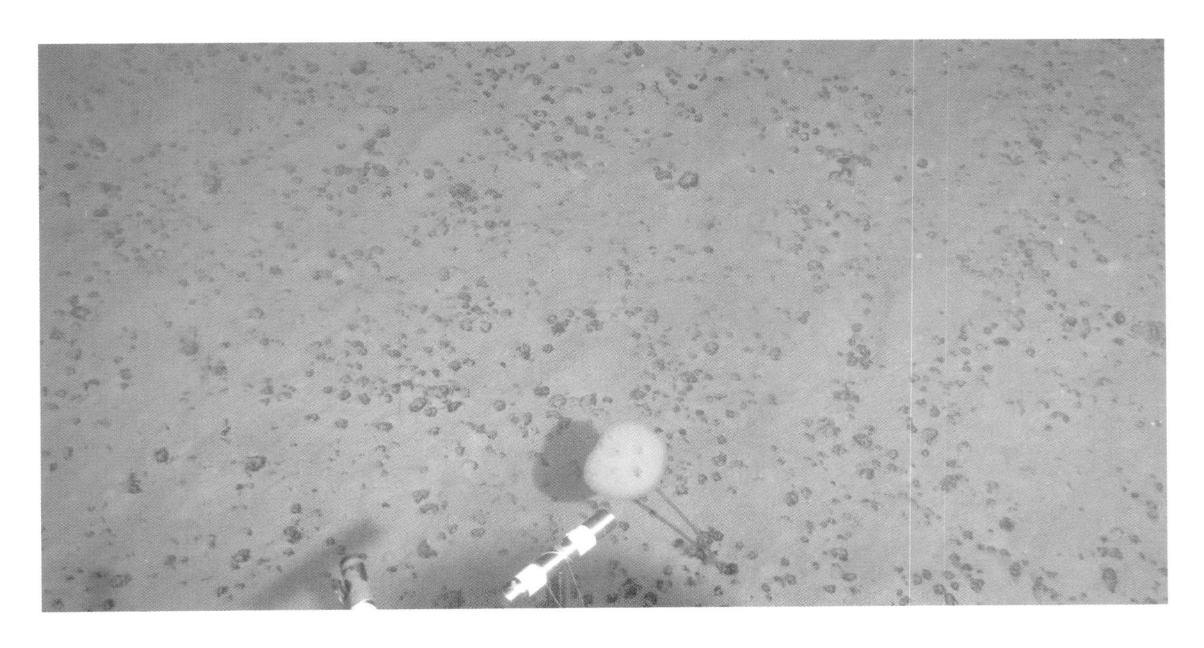

6. 白须海绵属未定种 1 *Poliopogon* sp. 1

分类学地位

双盘海绵亚纲 Subclass Amphidiscophora Schulze, 1886

双盘海绵目 Order Amphidiscosida Schrammen, 1924

围线海绵科 Family Pheronematidae Gray, 1870

白须海绵属 Genus *Poliopogon* Thomson, 1878

采集地 马里亚纳岛弧区

深度 1300 m

7. 白须海绵属未定种 2 *Poliopogon* sp. 2

分类学地位

双盘海绵亚纲 Subclass Amphidiscophora Schulze, 1886

双盘海绵目 Order Amphidiscosida Schrammen, 1924

围线海绵科 Family Pheronematidae Gray, 1870

白须海绵属 Genus *Poliopogon* Thomson, 1878

采集地 马里亚纳岛弧区

深度 2452 m

8. 棍棒海绵属未定种 *Semperella* sp.

分类学地位

双盘海绵亚纲 Subclass Amphidiscophora Schulze, 1886

双盘海绵目 Order Amphidiscosida Schrammen, 1924

围线海绵科 Family Pheronematidae Gray, 1870

棍棒海绵属 Genus *Semperella* Gray, 1868

采集地 马里亚纳岛弧区

深度 3125 m

9. 爱氏海绵属未定种 *Ijimalophus* sp.

分类学地位

双盘海绵亚纲 Subclass Amphidiscophora Schulze, 1886

双盘海绵目 Order Amphidiscosida Schrammen, 1924

围线海绵科 Family Pheronematidae Gray, 1870

爱氏海绵属 Genus *Ijimalophus* Van Soest & Hooper, 2020

采集地 马里亚纳岛弧区

深度 2898～3317 m

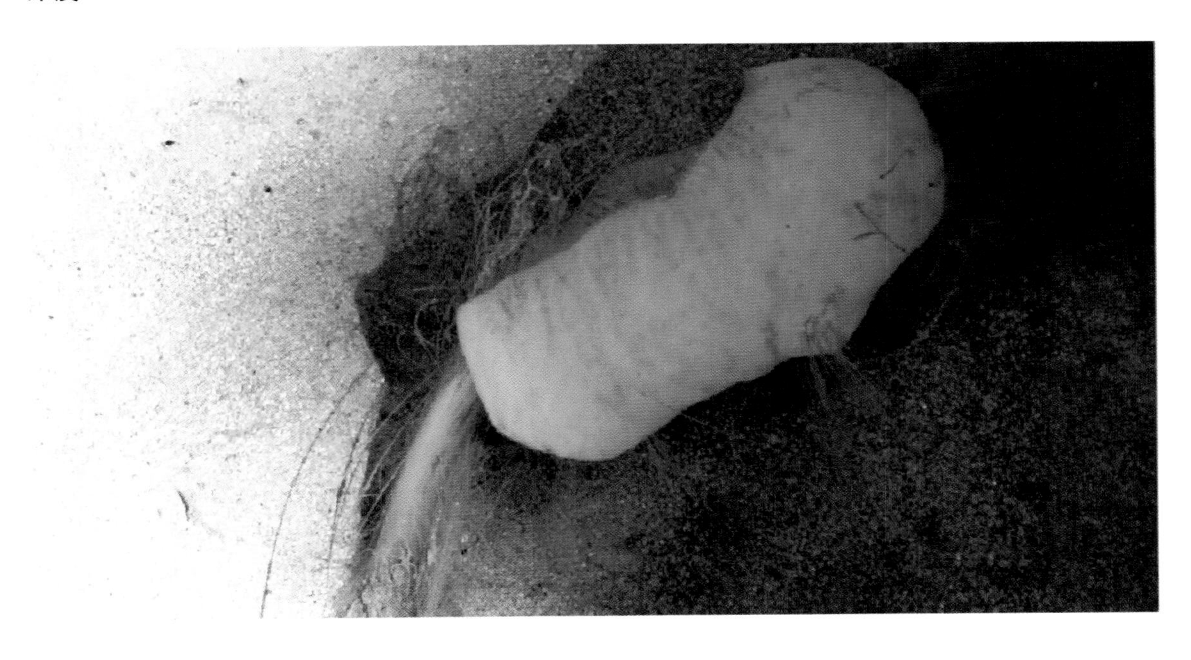

10. 孔肋海绵属未定种 *Tretopleura* sp.

分类学地位

六放海绵亚纲 Subclass Hexasterophora Schulze, 1886

帚状海绵目 Order Sceptrulophora Mehl, 1992

钩海绵科 Family Uncinateridae Reiswig, 2002

孔肋海绵属 Genus *Tretopleura* Ijima, 1927

采集地 马里亚纳海沟-雅浦海沟连接区

深度 2137 m

11. 囊萼海绵属未定种 *Saccocalyx* sp.

分类学地位

六放海绵亚纲 Subclass Hexasterophora Schulze, 1886

松骨海绵目 Order Lyssacinosida Zittel, 1877

偕老同穴海绵科 Family Euplectellidae Gray, 1867

茎球海绵亚科 Subfamily Bolosominae Tabachnick, 2002

囊萼海绵属 Genus *Saccocalyx* Schulze, 1896

采集地 马里亚纳海沟-雅浦海沟连接区

深度 3020～3263 m

12. 茎球海绵属未定种 *Bolosoma* sp.

分类学地位

六放海绵亚纲 Subclass Hexasterophora Schulze, 1886

松骨海绵目 Order Lyssacinosida Zittel, 1877

偕老同穴海绵科 Family Euplectellidae Gray, 1867

茎球海绵亚科 Subfamily Bolosominae Tabachnick, 2002

茎球海绵属 Genus *Bolosoma* Ijima, 1904

采集地 马里亚纳岛弧区

深度 2418 m

13. 根植海绵属未定种 *Rhizophyta* sp.

分类学地位

六放海绵亚纲 Subclass Hexasterophora Schulze, 1886

松骨海绵目 Order Lyssacinosida Zittel, 1877

偕老同穴海绵科 Family Euplectellidae Gray, 1867

茎球海绵亚科 Subfamily Bolosominae Tabachnick, 2002

根植海绵属 Genus *Rhizophyta* Shen, Dohrmann, Zhang, Lu & Wang, 2019

采集地 马里亚纳岛弧区

深度 2600 m

14. 茎球海绵亚科未定种 Bolosominae sp.

分类学地位

六放海绵亚纲 Subclass Hexasterophora Schulze, 1886

松骨海绵目 Order Lyssacinosida Zittel, 1877

偕老同穴海绵科 Family Euplectellidae Gray, 1867

茎球海绵亚科 Subfamily Bolosominae Tabachnick, 2002

采集地 马里亚纳岛弧区

深度 2600 m

15. 科学网萼海绵 *Dictyaulus kexueae* Gong & Li, 2020

分类学地位

六放海绵亚纲 Subclass Hexasterophora Schulze, 1886

松骨海绵目 Order Lyssacinosida Zittel, 1877

偕老同穴海绵科 Family Euplectellidae Gray, 1867

舟体海绵亚科 Subfamily Corbitellinae Gray, 1872

网萼海绵属 Genus *Dictyaulus* Schulze，1886

采集地 马里亚纳岛弧区

深度 1300～2408 m

16. 瓦尔特海绵属未定种 *Walteria* sp.

分类学地位

六放海绵亚纲 Subclass Hexasterophora Schulze, 1886

松骨海绵目 Order Lyssacinosida Zittel, 1877

偕老同穴海绵科 Family Euplectellidae Gray, 1867

舟体海绵亚科 Subfamily Corbitellinae Gray, 1872

瓦尔特海绵属 Genus *Walteria* Schulze, 1886

采集地 马里亚纳岛弧区

深度 1274 m

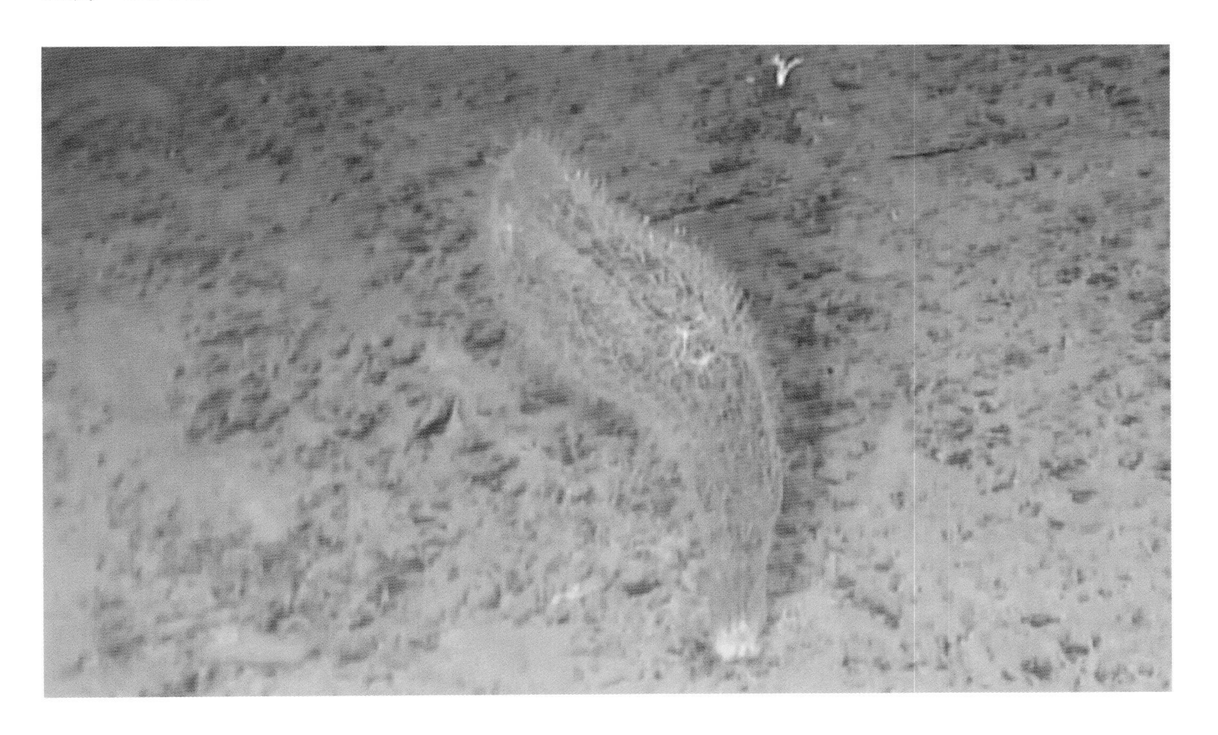

17. 舟体海绵亚科未定种 1 Corbitellinae sp. 1

分类学地位

六放海绵亚纲 Subclass Hexasterophora Schulze, 1886

松骨海绵目 Order Lyssacinosida Zittel, 1877

偕老同穴海绵科 Family Euplectellidae Gray, 1867

舟体海绵亚科 Subfamily Corbitellinae Gray, 1872

采集地 马里亚纳岛弧区

深度 1300～1383 m

18. 舟体海绵亚科未定种 2 Corbitellinae sp. 2

分类学地位

六放海绵亚纲 Subclass Hexasterophora Schulze, 1886

松骨海绵目 Order Lyssacinosida Zittel, 1877

偕老同穴海绵科 Family Euplectellidae Gray, 1867

舟体海绵亚科 Subfamily Corbitellinae Gray, 1872

采集地 马里亚纳岛弧区

深度 1287 m

19. 舟体海绵亚科未定种 3 Corbitellinae sp. 3

分类学地位

六放海绵亚纲 Subclass Hexasterophora Schulze, 1886

松骨海绵目 Order Lyssacinosida Zittel, 1877

偕老同穴海绵科 Family Euplectellidae Gray, 1867

舟体海绵亚科 Subfamily Corbitellinae Gray, 1872

采集地 马里亚纳岛弧区

深度 1382 m

20. 偕老同穴海绵科未定种 1 Euplectellidae sp. 1

分类学地位

六放海绵亚纲 Subclass Hexasterophora Schulze, 1886

松骨海绵目 Order Lyssacinosida Zittel, 1877

偕老同穴海绵科 Family Euplectellidae Gray, 1867

采集地 马里亚纳岛弧区

深度 2713 m

21. 偕老同穴海绵科未定种 2 Euplectellidae sp. 2

分类学地位

六放海绵亚纲 Subclass Hexasterophora Schulze, 1886

松骨海绵目 Order Lyssacinosida Zittel, 1877

偕老同穴海绵科 Family Euplectellidae Gray, 1867

采集地 马里亚纳岛弧区

深度 2408～2598 m

22. 长茎海绵属未定种 1 *Caulophacus* sp. 1

分类学地位

六放海绵亚纲 Subclass Hexasterophora Schulze, 1886

松骨海绵目 Order Lyssacinosida Zittel, 1877

花骨海绵科 Family Rossellidae Schulze, 1885

柔毛海绵亚科 Subfamily Lanuginellinae Gray, 1872

长茎海绵属 Genus *Caulophacus* Schulze, 1886

采集地 菲律宾海中央裂谷带

深度 6167 m

23. 长茎海绵属未定种 2 *Caulophacus* sp. 2

分类学地位

六放海绵亚纲 Subclass Hexasterophora Schulze, 1886
松骨海绵目 Order Lyssacinosida Zittel, 1877
花骨海绵科 Family Rossellidae Schulze, 1885
柔毛海绵亚科 Subfamily Lanuginellinae Gray, 1872
长茎海绵属 Genus *Caulophacus* Schulze, 1886

采集地 马里亚纳海沟

深度 4700 m

24. 长茎海绵属未定种 3 *Caulophacus* sp. 3

分类学地位

六放海绵亚纲 Subclass Hexasterophora Schulze, 1886

松骨海绵目 Order Lyssacinosida Zittel, 1877

花骨海绵科 Family Rossellidae Schulze, 1885

柔毛海绵亚科 Subfamily Lanuginellinae Gray, 1872

长茎海绵属 Genus *Caulophacus* Schulze, 1886

采集地 马里亚纳海沟

深度 5500 m

25. 松骨海绵目未定种 Lyssacinosida sp.

分类学地位

六放海绵亚纲 Subclass Hexasterophora Schulze, 1886

松骨海绵目 Order Lyssacinosida Zittel, 1877

采集地 马里亚纳岛弧区

深度 2600 m

水螅纲 Class Hydrozoa Owen, 1843

26. 棒状水母科未定种 1 Corymorphidae sp. 1

分类学地位

软水母亚纲 Subclass Hydroidolina Collins, 2000

花水母目 Order Anthoathecata Cornelius, 1992

Aplanulata 亚目 Suborder Aplanulata Collins, Winkelman, Hadrys & Schierwater, 2005

棒状水母科 Family Corymorphidae Allman, 1872

采集地 马里亚纳海沟

深度 6600 m

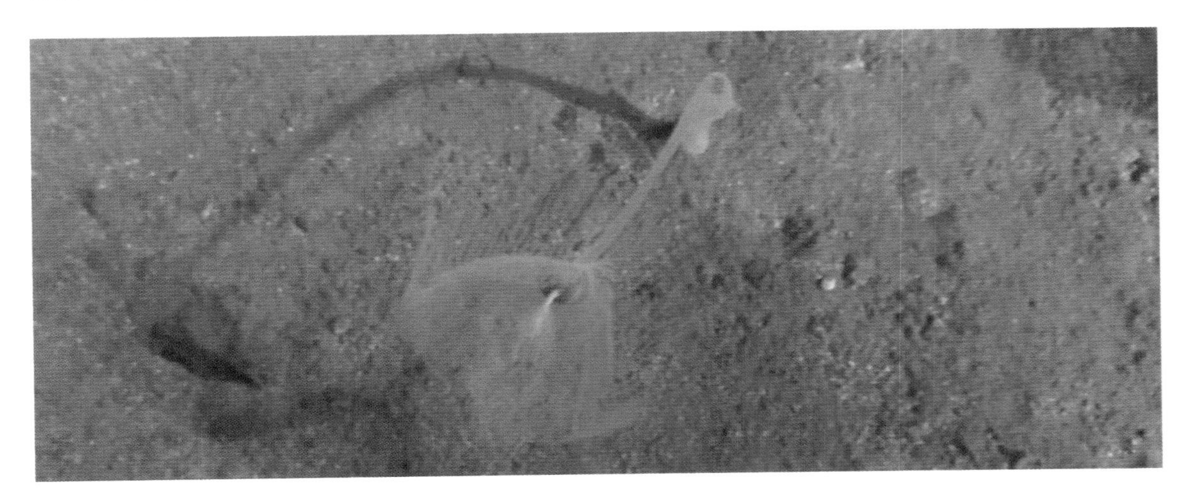

27. 棒状水母科未定种 2 Corymorphidae sp. 2

分类学地位

软水母亚纲 Subclass Hydroidolina Collins, 2000

花水母目 Order Anthoathecata Cornelius, 1992

Aplanulata 亚目 Suborder Aplanulata Collins, Winkelman, Hadrys & Schierwater, 2005

棒状水母科 Family Corymorphidae Allman, 1872

采集地 菲律宾海中央裂谷带

深度 7725 m

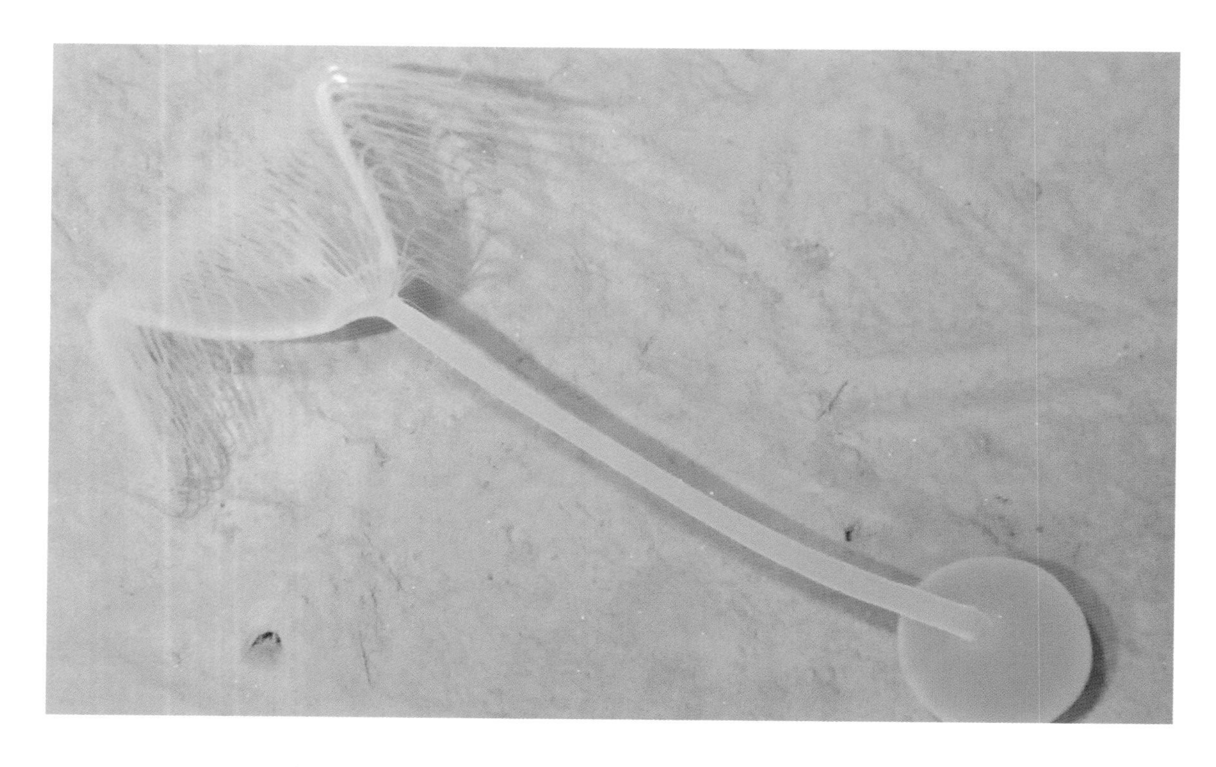

珊瑚虫纲 Class Anthozoa Ehrenberg, 1834

28. 角海葵亚纲未定种 Ceriantharia sp.

分类学地位

角海葵亚纲 Subclass Ceriantharia Perrier, 1893

采集地 马里亚纳岛弧区

深度 3750 m

29. 王冠菌杯珊瑚 *Fungiacyathus stephanus* (Alcock, 1893)

分类学地位

六放珊瑚亚纲 Subclass Hexacorallia Haeckel, 1866

石珊瑚目 Order Scleractinia Bourne, 1900

菌杯珊瑚科 Family Fungiacyathidae Chevalier & Beauvais, 1987

菌杯珊瑚属 Genus *Fungiacyathus* Sars, 1872

采集地 马里亚纳岛弧区

深度 3753 m

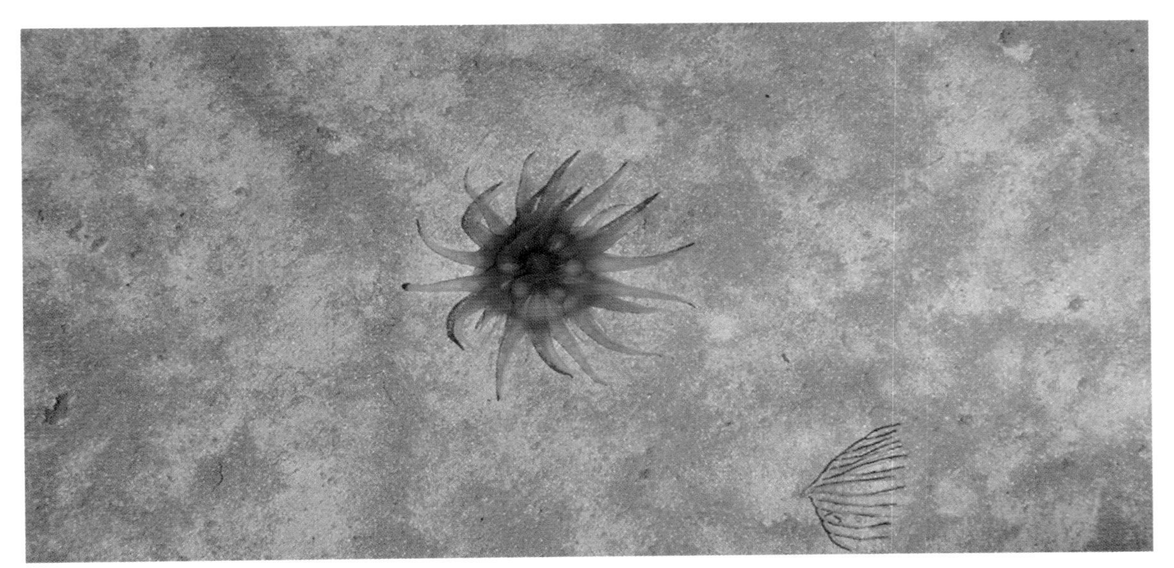

30. 甲胄海葵科未定种 1 Actinostolidae sp. 1

分类学地位

六放珊瑚亚纲 Subclass Hexacorallia Haeckel, 1866

海葵目 Order Actiniaria Hertwig, 1882

本海葵亚目 Suborder Enthemonae Rodríguez & Daly, 2014

甲胄海葵总科 Superfamily Actinostoloidea Rodríguez & Daly, 2014

甲胄海葵科 Family Actinostolidae Carlgren, 1893

采集地 马里亚纳岛弧区

深度 4250 m

31. 甲胄海葵科未定种 2 Actinostolidae sp. 2

分类学地位

六放珊瑚亚纲 Subclass Hexacorallia Haeckel, 1866

海葵目 Order Actiniaria Hertwig, 1882

本海葵亚目 Suborder Enthemonae Rodríguez & Daly, 2014

甲胄海葵总科 Superfamily Actinostoloidea Rodríguez & Daly, 2014

甲胄海葵科 Family Actinostolidae Carlgren, 1893

采集地 菲律宾海中央裂谷带

深度 5373 m

32. 甲胄海葵科未定种 3 Actinostolidae sp. 3

分类学地位

六放珊瑚亚纲 Subclass Hexacorallia Haeckel, 1866

海葵目 Order Actiniaria Hertwig, 1882

本海葵亚目 Suborder Enthemonae Rodríguez & Daly, 2014

甲胄海葵总科 Superfamily Actinostoloidea Rodríguez & Daly, 2014

甲胄海葵科 Family Actinostolidae Carlgren, 1893

采集地 马里亚纳岛弧区

深度 2157～2497 m

33. 捕蝇草海葵属未定种 *Actinoscyphia* sp.

分类学地位

六放珊瑚亚纲 Subclass Hexacorallia Haeckel, 1866

海葵目 Order Actiniaria Hertwig, 1882

本海葵亚目 Suborder Enthemonae Rodríguez & Daly, 2014

细指海葵总科 Superfamily Metridioidea Rodríguez et al., 2012

捕蝇草海葵科 Family Actinoscyphiidae Stephenson, 1920

捕蝇草海葵属 Genus *Actinoscyphia* Stephenson, 1920

采集地 马里亚纳岛弧区

深度 2893 m

34. *Galatheanthemum* 属未定种 1 *Galatheanthemum* sp. 1

分类学地位

六放珊瑚亚纲 Subclass Hexacorallia Haeckel, 1866

海葵目 Order Actiniaria Hertwig, 1882

本海葵亚目 Suborder Enthemonae Rodríguez & Daly, 2014

细指海葵总科 Superfamily Metridioidea Rodríguez et al., 2012

Galatheanthemidae 科 Family Galatheanthemidae Carlgren, 1956

Galatheanthemum 属 Genus *Galatheanthemum* Carlgren, 1956

采集地 菲律宾海中央裂谷带

深度 7725 m

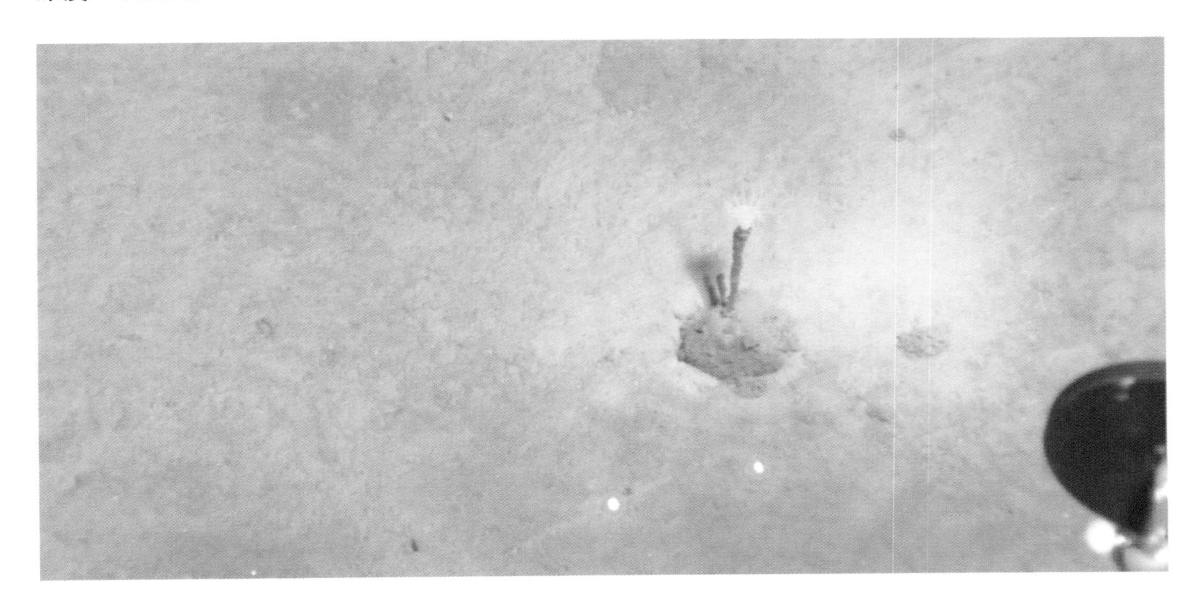

35. *Galatheanthemum* 属未定种 2 *Galatheanthemum* sp. 2

分类学地位

六放珊瑚亚纲 Subclass Hexacorallia Haeckel, 1866

海葵目 Order Actiniaria Hertwig, 1882

本海葵亚目 Suborder Enthemonae Rodríguez & Daly, 2014

细指海葵总科 Superfamily Metridioidea Rodríguez et al., 2012

Galatheanthemidae 科 Family Galatheanthemidae Carlgren, 1956

Galatheanthemum 属 Genus *Galatheanthemum* Carlgren, 1956

采集地 马里亚纳海沟

深度 9013 m

36. *Galatheanthemum* 属未定种 3 *Galatheanthemum* sp. 3

分类学地位

六放珊瑚亚纲 Subclass Hexacorallia Haeckel, 1866

海葵目 Order Actiniaria Hertwig, 1882

本海葵亚目 Suborder Enthemonae Rodríguez & Daly, 2014

细指海葵总科 Superfamily Metridioidea Rodríguez et al., 2012

Galatheanthemidae 科 Family Galatheanthemidae Carlgren, 1956

Galatheanthemum 属 Genus *Galatheanthemum* Carlgren, 1956

采集地 马里亚纳海沟

深度 9792 m

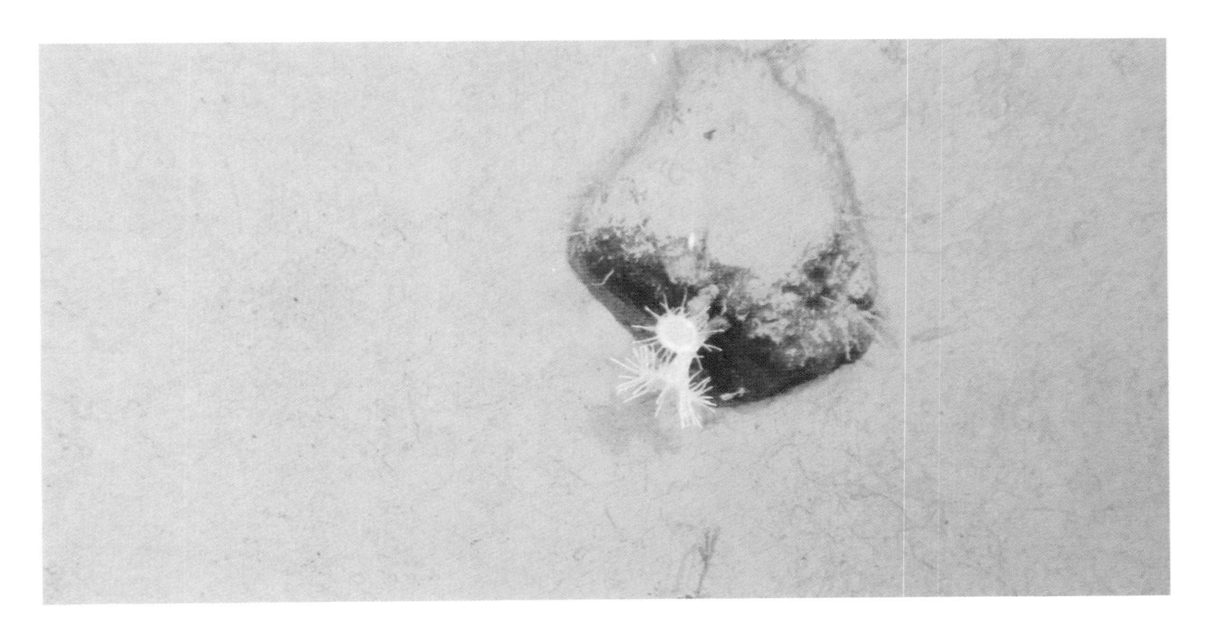

37. 细指海葵总科未定种 1 Metridioidea sp. 1

分类学地位

六放珊瑚亚纲 Subclass Hexacorallia Haeckel, 1866

海葵目 Order Actiniaria Hertwig, 1882

本海葵亚目 Suborder Enthemonae Rodríguez & Daly, 2014

细指海葵总科 Superfamily Metridioidea Rodríguez et al., 2012

采集地 马里亚纳海沟

深度 9862 m

38. 细指海葵总科未定种 2 Metridioidea sp. 2

分类学地位

六放珊瑚亚纲 Subclass Hexacorallia Haeckel, 1866

海葵目 Order Actiniaria Hertwig, 1882

本海葵亚目 Suborder Enthemonae Rodríguez & Daly, 2014

细指海葵总科 Superfamily Metridioidea Rodríguez et al., 2012

采集地 马里亚纳海沟

深度 5893 m

39. 细指海葵总科未定种 3 Metridioidea sp. 3

分类学地位

六放珊瑚亚纲 Subclass Hexacorallia Haeckel, 1866

海葵目 Order Actiniaria Hertwig, 1882

本海葵亚目 Suborder Enthemonae Rodríguez & Daly, 2014

细指海葵总科 Superfamily Metridioidea Rodríguez et al., 2012

采集地 马里亚纳海沟

深度 8173 m

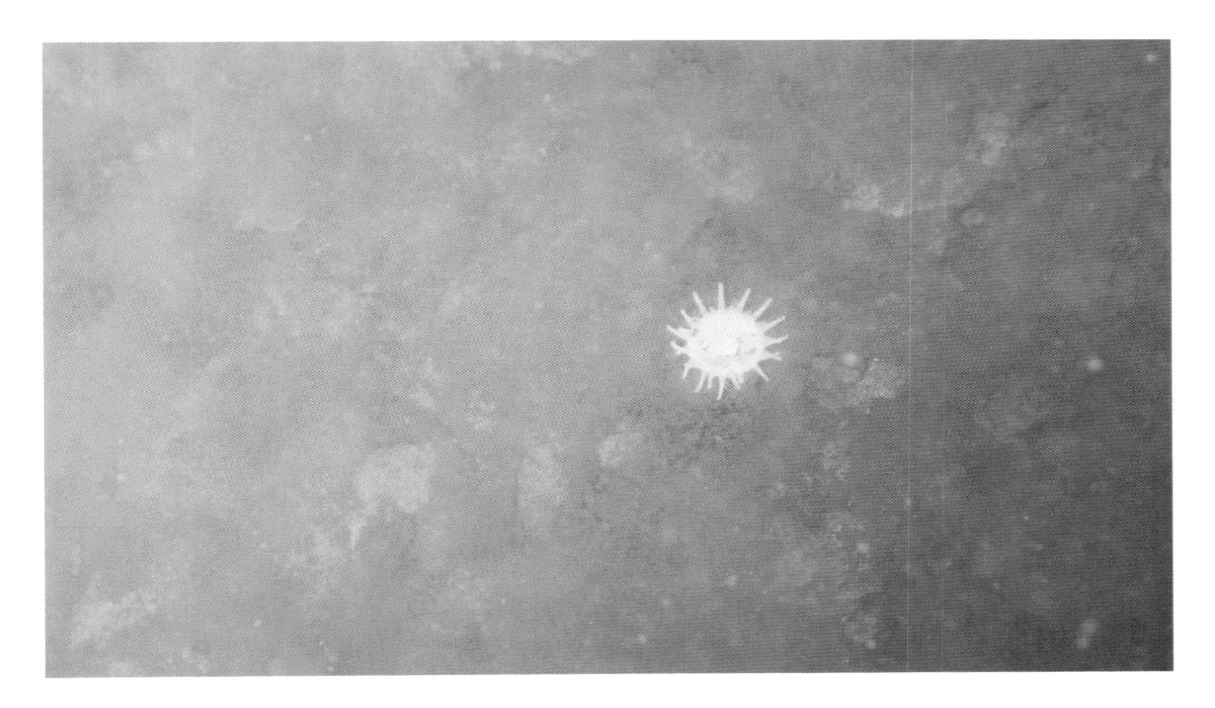

40. 从海葵属未定种 *Actinernus* sp.

分类学地位

六放珊瑚亚纲 Subclass Hexacorallia Haeckel, 1866

海葵目 Order Actiniaria Hertwig, 1882

非本海葵亚目 Suborder Anenthemonae Rodríguez & Daly, 2014

从海葵总科 Superfamily Actinernoidea Rodríguez & Daly, 2014

从海葵科 Family Actinernidae Stephenson, 1922

从海葵属 Genus *Actinernus* Verrill, 1879

采集地 马里亚纳海沟

深度 6010 m

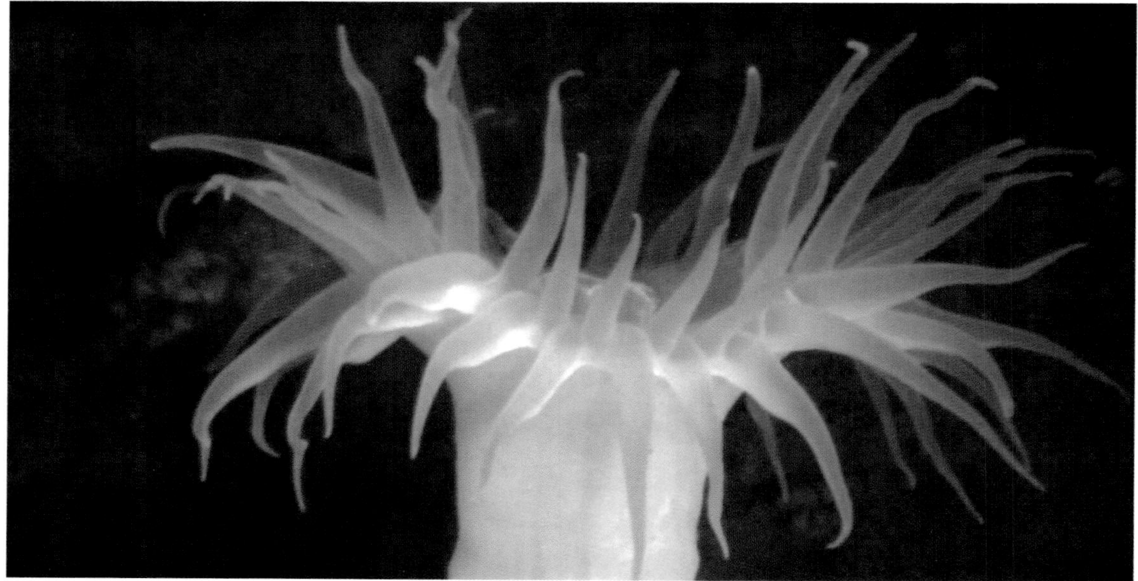

41. 达芙妮孑遗海葵 *Relicanthus daphneae* Daly, 2006

分类学地位

六放珊瑚亚纲 Subclass Hexacorallia Haeckel, 1866

海葵目 Order Actiniaria Hertwig, 1882

Helenmonae 亚目 Suborder Helenmonae Daly & Rodríguez, 2019

孑遗海葵科 Family Relicanthidae Rodríguez & Daly, 2014

孑遗海葵属 Genus *Relicanthus* Rodríguez & Daly, 2014

采集地 雅浦弧前区

深度 3334～3440 m

42. 孑遗海葵属未定种 *Relicanthus* sp.

分类学地位

六放珊瑚亚纲 Subclass Hexacorallia Haeckel, 1866

海葵目 Order Actiniaria Hertwig, 1882

Helenmonae 亚目 Suborder Helenmonae Daly & Rodríguez, 2019

孑遗海葵科 Family Relicanthidae Rodríguez & Daly, 2014

孑遗海葵属 Genus *Relicanthus* Rodríguez & Daly, 2014

采集地 雅浦海沟

深度 4430～4950 m

43. 海葵目未定种 1 Actiniaria sp. 1

分类学地位

六放珊瑚亚纲 Subclass Hexacorallia Haeckel, 1866

海葵目 Order Actiniaria Hertwig, 1882

采集地 帕里西维拉海盆

深度 5926～7046 m

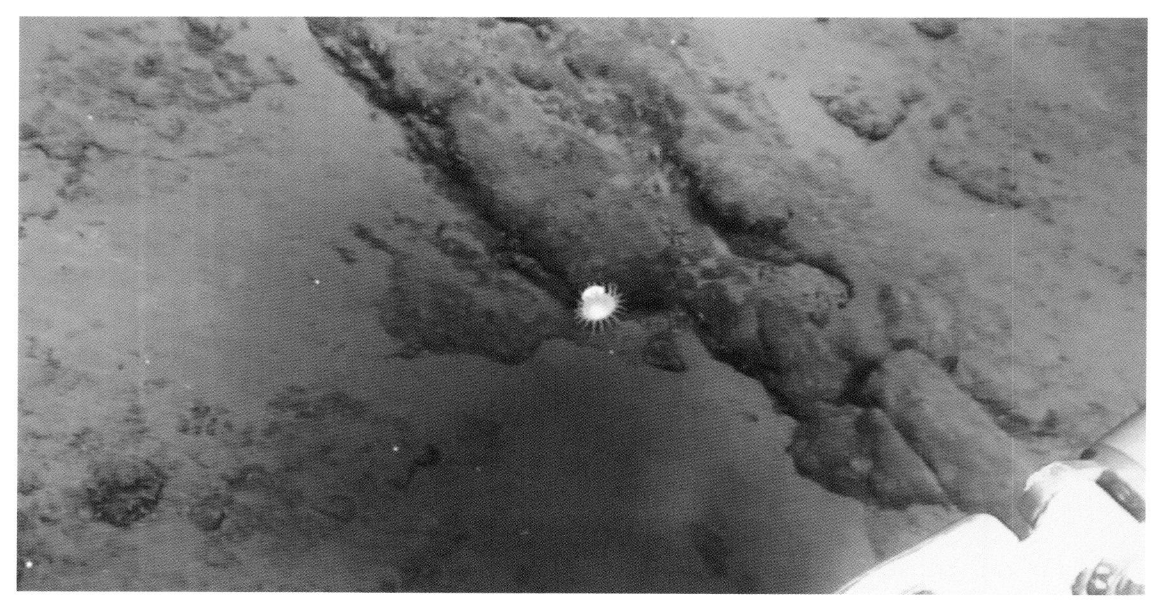

44. 海葵目未定种 2 Actiniaria sp. 2

分类学地位

六放珊瑚亚纲 Subclass Hexacorallia Haeckel, 1866

海葵目 Order Actiniaria Hertwig, 1882

采集地 菲律宾海中央裂谷带

深度 6237 m

45. 海葵目未定种 3 Actiniaria sp. 3

分类学地位

六放珊瑚亚纲 Subclass Hexacorallia Haeckel, 1866

海葵目 Order Actiniaria Hertwig, 1882

采集地 西南马里亚纳断裂带

深度 3973 m

46. 海葵目未定种 4 Actiniaria sp. 4

分类学地位

六放珊瑚亚纲 Subclass Hexacorallia Haeckel, 1866

海葵目 Order Actiniaria Hertwig, 1882

采集地 马里亚纳岛弧区

深度 2473 m

47. 海葵目未定种 5 Actiniaria sp. 5

分类学地位

六放珊瑚亚纲 Subclass Hexacorallia Haeckel, 1866

海葵目 Order Actiniaria Hertwig, 1882

采集地 马里亚纳岛弧区

深度 4250 m

48. 海葵目未定种 6 Actiniaria sp. 6

分类学地位

六放珊瑚亚纲 Subclass Hexacorallia Haeckel, 1866

海葵目 Order Actiniaria Hertwig, 1882

采集地 马里亚纳岛弧区

深度 1377 m

49. 鞘群海葵属未定种 *Epizoanthus* sp.

分类学地位

六放珊瑚亚纲 Subclass Hexacorallia Haeckel, 1866

群体海葵目 Order Zoantharia Gray, 1832

鞘群海葵科 Family Epizoanthidae Delage & Hérouard, 1901

鞘群海葵属 Genus *Epizoanthus* Gray, 1867

采集地 雅浦弧前区

深度 3444 m

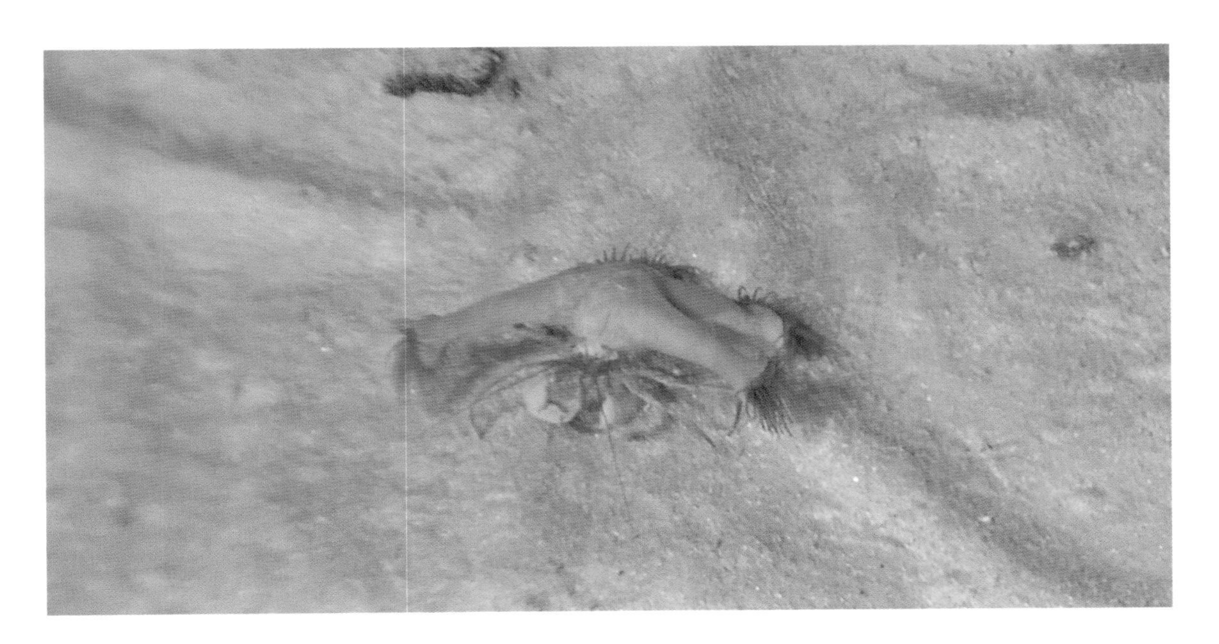

50. Macrocnemina 亚目未定种 Macrocnemina sp.

分类学地位

六放珊瑚亚纲 Subclass Hexacorallia Haeckel, 1866

群体海葵目 Order Zoantharia Gray, 1832

Macrocnemina 亚目 Suborder Macrocnemina Haddon & Shackleton, 1891

采集地 马里亚纳岛弧区

深度 2077 m

51. 深海黑珊瑚属未定种 *Bathypathes* sp.

分类学地位

六放珊瑚亚纲 Subclass Hexacorallia Haeckel, 1866

黑珊瑚目 Order Antipatharia Milne-Edwards & Haime, 1857

裂黑珊瑚科 Family Schizopathidae Brook, 1889

深海黑珊瑚属 Genus *Bathypathes* Brook, 1889

采集地 马里亚纳海沟与雅浦海沟连接区

深度 2201 m

52. 裂黑珊瑚科未定种 Schizopathidae sp.

分类学地位

六放珊瑚亚纲 Subclass Hexacorallia Haeckel, 1866

黑珊瑚目 Order Antipatharia Milne-Edwards & Haime, 1857

裂黑珊瑚科 Family Schizopathidae Brook, 1889

采集地 雅浦海沟

深度 4435～4952 m

53. 珊瑚葵目未定种 Corallimorpharia sp.

分类学地位

六放珊瑚亚纲 Subclass Hexacorallia Haeckel, 1866

珊瑚葵目 Order Corallimorpharia Carlgren, 1943

采集地 马里亚纳海沟

深度 6240 m

54. 冠柳珊瑚属未定种 *Calyptrophora* sp.

分类学地位

八放珊瑚亚纲 Subclass Octocorallia Haeckel, 1866

软珊瑚目 Order Alcyonacea Lamouroux, 1812

钙轴柳珊瑚亚目 Suborder Calcaxonia Grasshoff, 1999

丑柳珊瑚科 Family Primnoidae Milne-Edwards, 1857

冠柳珊瑚属 Genus *Calyptrophora* Gray, 1866

采集地 马里亚纳岛弧区

深度 1553 m

55. 丑柳珊瑚科未定种 1 Primnoidae sp. 1

分类学地位

八放珊瑚亚纲 Subclass Octocorallia Haeckel, 1866

软珊瑚目 Order Alcyonacea Lamouroux, 1812

钙轴柳珊瑚亚目 Suborder Calcaxonia Grasshoff, 1999

丑柳珊瑚科 Family Primnoidae Milne-Edwards, 1857

采集地 马里亚纳岛弧区

深度 2500 m

56. 丑柳珊瑚科未定种 2 Primnoidae sp. 2

分类学地位

八放珊瑚亚纲 Subclass Octocorallia Haeckel, 1866

软珊瑚目 Order Alcyonacea Lamouroux, 1812

钙轴柳珊瑚亚目 Suborder Calcaxonia Grasshoff, 1999

丑柳珊瑚科 Family Primnoidae Milne-Edwards, 1857

采集地 马里亚纳岛弧区

深度 1160 m

57. 蛹状小枝柳珊瑚 *Ramuligorgia militaris* (Nutting, 1908)

分类学地位

八放珊瑚亚纲 Subclass Octocorallia Haeckel, 1866

软珊瑚目 Order Alcyonacea Lamouroux, 1812

钙轴柳珊瑚亚目 Suborder Calcaxonia Grasshoff, 1999

金柳珊瑚科 Family Chrysogorgiidae Verrill, 1883

小枝柳珊瑚属 Genus *Ramuligorgia* Cairns, Cordeiro & Xu in Cairns et al., 2021

采集地 马里亚纳岛弧区

深度 2422～2700 m

58. 黑发金相柳珊瑚 *Metallogorgia melanotrichos* (Wright & Studer, 1889)

分类学地位

八放珊瑚亚纲 Subclass Octocorallia Haeckel, 1866

软珊瑚目 Order Alcyonacea Lamouroux, 1812

钙轴柳珊瑚亚目 Suborder Calcaxonia Grasshoff, 1999

金柳珊瑚科 Family Chrysogorgiidae Verrill, 1883

金相柳珊瑚属 Genus *Metallogorgia* Versluys, 1902

采集地 马里亚纳岛弧区

深度 1553 m

59. 虹柳珊瑚属未定种 1 *Iridogorgia* sp. 1

分类学地位

八放珊瑚亚纲 Subclass Octocorallia Haeckel, 1866

软珊瑚目 Order Alcyonacea Lamouroux, 1812

钙轴柳珊瑚亚目 Suborder Calcaxonia Grasshoff, 1999

金柳珊瑚科 Family Chrysogorgiidae Verrill, 1883

虹柳珊瑚属 Genus *Iridogorgia* Verrill, 1883

采集地 马里亚纳岛弧区

深度 2085 m

60. 虹柳珊瑚属未定种 2 *Iridogorgia* sp. 2

分类学地位

八放珊瑚亚纲 Subclass Octocorallia Haeckel, 1866

软珊瑚目 Order Alcyonacea Lamouroux, 1812

钙轴柳珊瑚亚目 Suborder Calcaxonia Grasshoff, 1999

金柳珊瑚科 Family Chrysogorgiidae Verrill, 1883

虹柳珊瑚属 Genus *Iridogorgia* Verrill, 1883

采集地 马里亚纳岛弧区

深度 1560 m

61. 虹柳珊瑚属未定种 3 *Iridogorgia* sp. 3

分类学地位

八放珊瑚亚纲 Subclass Octocorallia Haeckel, 1866

软珊瑚目 Order Alcyonacea Lamouroux, 1812

钙轴柳珊瑚亚目 Suborder Calcaxonia Grasshoff, 1999

金柳珊瑚科 Family Chrysogorgiidae Verrill, 1883

虹柳珊瑚属 Genus *Iridogorgia* Verrill, 1883

采集地 马里亚纳岛弧区

深度 1380 m

62. 金柳珊瑚属未定种 1 *Chrysogorgia* sp. 1

分类学地位

八放珊瑚亚纲 Subclass Octocorallia Haeckel, 1866

软珊瑚目 Order Alcyonacea Lamouroux, 1812

钙轴柳珊瑚亚目 Suborder Calcaxonia Grasshoff, 1999

金柳珊瑚科 Family Chrysogorgiidae Verrill, 1883

金柳珊瑚属 Genus *Chrysogorgia* Duchassaing & Michelotti, 1864

采集地 马里亚纳岛弧区

深度 2473 m

63. 金柳珊瑚属未定种 2 *Chrysogorgia* sp. 2

分类学地位

八放珊瑚亚纲 Subclass Octocorallia Haeckel, 1866

软珊瑚目 Order Alcyonacea Lamouroux, 1812

钙轴柳珊瑚亚目 Suborder Calcaxonia Grasshoff, 1999

金柳珊瑚科 Family Chrysogorgiidae Verrill, 1883

金柳珊瑚属 Genus *Chrysogorgia* Duchassaing & Michelotti, 1864

采集地 马里亚纳岛弧区

深度 2246 m

64. 金柳珊瑚属未定种 3 *Chrysogorgia* sp. 3

分类学地位

八放珊瑚亚纲 Subclass Octocorallia Haeckel, 1866

软珊瑚目 Order Alcyonacea Lamouroux, 1812

钙轴柳珊瑚亚目 Suborder Calcaxonia Grasshoff, 1999

金柳珊瑚科 Family Chrysogorgiidae Verrill, 1883

金柳珊瑚属 Genus *Chrysogorgia* Duchassaing & Michelotti, 1864

采集地 马里亚纳岛弧区

深度 2245 m

65. 角柳珊瑚科未定种 1 Keratoisididae sp. 1

分类学地位

八放珊瑚亚纲 Subclass Octocorallia Haeckel, 1866

软珊瑚目 Order Alcyonacea Lamouroux, 1812

钙轴柳珊瑚亚目 Suborder Calcaxonia Grasshoff, 1999

角柳珊瑚科 Family Keratoisididae Gray, 1870

采集地 马里亚纳岛弧区

深度 1383 m

66. 角柳珊瑚科未定种 2 Keratoisididae sp. 2

分类学地位

八放珊瑚亚纲 Subclass Octocorallia Haeckel, 1866

软珊瑚目 Order Alcyonacea Lamouroux, 1812

钙轴柳珊瑚亚目 Suborder Calcaxonia Grasshoff, 1999

角柳珊瑚科 Family Keratoisididae Gray, 1870

采集地 马里亚纳岛弧区

深度 2500 m

67. 角柳珊瑚科未定种 3 Keratoisididae sp. 3

分类学地位

八放珊瑚亚纲 Subclass Octocorallia Haeckel, 1866

软珊瑚目 Order Alcyonacea Lamouroux, 1812

钙轴柳珊瑚亚目 Suborder Calcaxonia Grasshoff, 1999

角柳珊瑚科 Family Keratoisididae Gray, 1870

采集地 马里亚纳岛弧区

深度 2310 m

68. 角柳珊瑚科未定种 4 Keratoisididae sp. 4

分类学地位

八放珊瑚亚纲 Subclass Octocorallia Haeckel, 1866

软珊瑚目 Order Alcyonacea Lamouroux, 1812

钙轴柳珊瑚亚目 Suborder Calcaxonia Grasshoff, 1999

角柳珊瑚科 Family Keratoisididae Gray, 1870

采集地 马里亚纳岛弧区

深度 2465 m

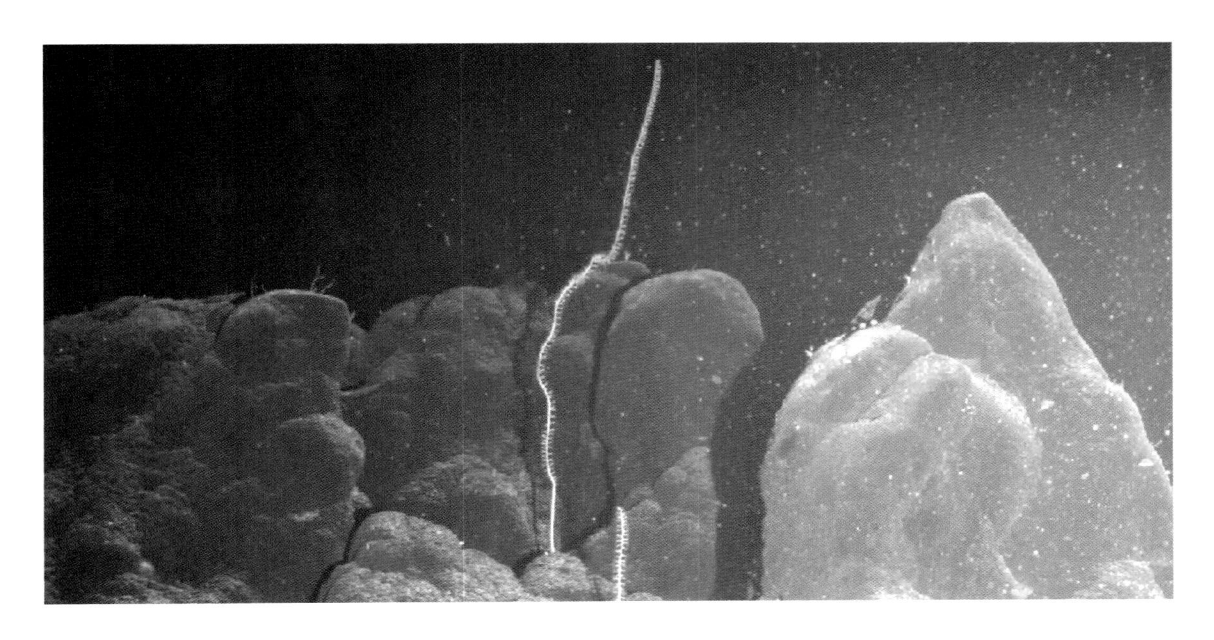

69. 角柳珊瑚科未定种 5 Keratoisididae sp. 5

分类学地位

八放珊瑚亚纲 Subclass Octocorallia Haeckel, 1866

软珊瑚目 Order Alcyonacea Lamouroux, 1812

钙轴柳珊瑚亚目 Suborder Calcaxonia Grasshoff, 1999

角柳珊瑚科 Family Keratoisididae Gray, 1870

采集地 马里亚纳岛弧区

深度 2213 m

70. 角柳珊瑚科未定种 6 Keratoisididae sp. 6

分类学地位

八放珊瑚亚纲 Subclass Octocorallia Haeckel, 1866

软珊瑚目 Order Alcyonacea Lamouroux, 1812

钙轴柳珊瑚亚目 Suborder Calcaxonia Grasshoff, 1999

角柳珊瑚科 Family Keratoisididae Gray, 1870

采集地 马里亚纳岛弧区

深度 1385 m

71. 角柳珊瑚科未定种 7 Keratoisididae sp. 7

分类学地位

八放珊瑚亚纲 Subclass Octocorallia Haeckel, 1866

软珊瑚目 Order Alcyonacea Lamouroux, 1812

钙轴柳珊瑚亚目 Suborder Calcaxonia Grasshoff, 1999

角柳珊瑚科 Family Keratoisididae Gray, 1870

采集地 马里亚纳岛弧区

深度 3318 m

72. 角柳珊瑚科未定种 8 Keratoisididae sp. 8

分类学地位

八放珊瑚亚纲 Subclass Octocorallia Haeckel, 1866

软珊瑚目 Order Alcyonacea Lamouroux, 1812

钙轴柳珊瑚亚目 Suborder Calcaxonia Grasshoff, 1999

角柳珊瑚科 Family Keratoisididae Gray, 1870

采集地 马里亚纳岛弧区

深度 2500 m

73. 丛柳珊瑚科未定种 Plexauridae sp.

分类学地位

八放珊瑚亚纲 Subclass Octocorallia Haeckel, 1866

软珊瑚目 Order Alcyonacea Lamouroux, 1812

全轴柳珊瑚亚目 Suborder Holaxonia Studer, 1887

丛柳珊瑚科 Family Plexauridae Gray, 1859

采集地 马里亚纳岛弧区

深度 1694 m

74. 全轴柳珊瑚亚目未定种 Holaxonia sp.

分类学地位

八放珊瑚亚纲 Subclass Octocorallia Haeckel, 1866

软珊瑚目 Order Alcyonacea Lamouroux, 1812

全轴柳珊瑚亚目 Suborder Holaxonia Studer, 1887

采集地 马里亚纳岛弧区

深度 2473 m

75. 拟柳珊瑚属未定种 1 *Paragorgia* sp. 1

分类学地位

八放珊瑚亚纲 Subclass Octocorallia Haeckel, 1866

软珊瑚目 Order Alcyonacea Lamouroux, 1812

硬轴柳珊瑚亚目 Suborder Scleroaxonia Studer, 1887

拟柳珊瑚科 Family Paragorgiidae Kükenthal, 1916

拟柳珊瑚属 Genus *Paragorgia* Milne-Edwards, 1857

采集地 马里亚纳岛弧区

深度 1487 m

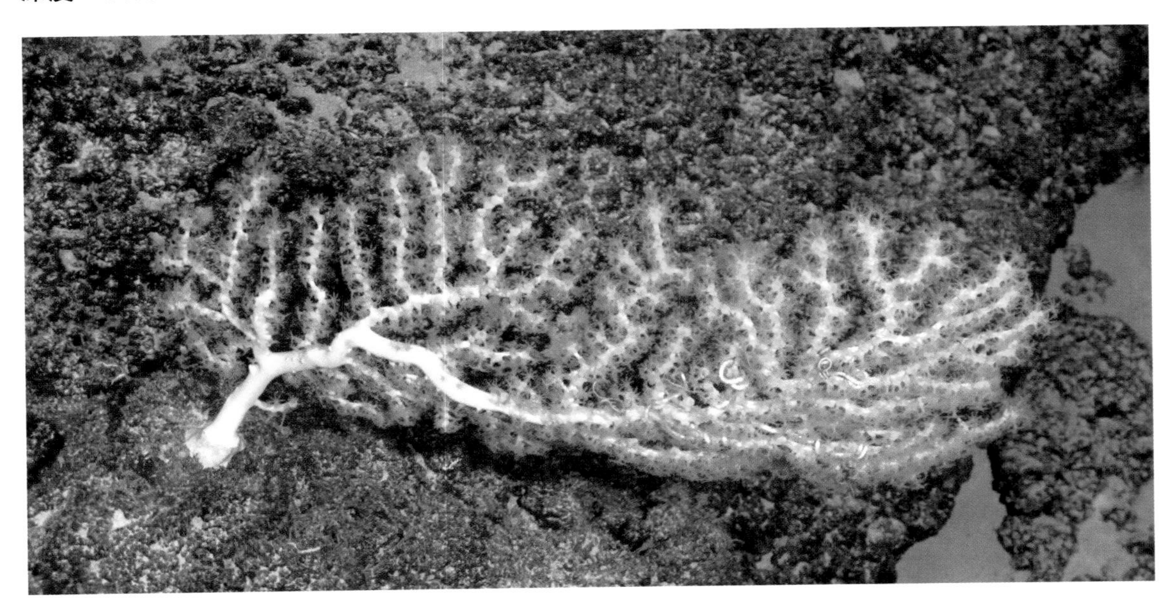

76. 拟柳珊瑚属未定种 2 *Paragorgia* sp. 2

分类学地位

八放珊瑚亚纲 Subclass Octocorallia Haeckel, 1866

软珊瑚目 Order Alcyonacea Lamouroux, 1812

硬轴柳珊瑚亚目 Suborder Scleroaxonia Studer, 1887

拟柳珊瑚科 Family Paragorgiidae Kükenthal, 1916

拟柳珊瑚属 Genus *Paragorgia* Milne-Edwards, 1857

采集地 马里亚纳岛弧区

深度 1560 m

77. 拟柳珊瑚属未定种 3 *Paragorgia* sp. 3

分类学地位

八放珊瑚亚纲 Subclass Octocorallia Haeckel, 1866

软珊瑚目 Order Alcyonacea Lamouroux, 1812

硬轴柳珊瑚亚目 Suborder Scleroaxonia Studer, 1887

拟柳珊瑚科 Family Paragorgiidae Kükenthal, 1916

拟柳珊瑚属 Genus *Paragorgia* Milne-Edwards, 1857

采集地 马里亚纳岛弧区

深度 1560 m

78. 拟柳珊瑚属未定种 4 *Paragorgia* sp. 4

分类学地位

八放珊瑚亚纲 Subclass Octocorallia Haeckel, 1866

软珊瑚目 Order Alcyonacea Lamouroux, 1812

硬轴柳珊瑚亚目 Suborder Scleroaxonia Studer, 1887

拟柳珊瑚科 Family Paragorgiidae Kükenthal, 1916

拟柳珊瑚属 Genus *Paragorgia* Milne-Edwards, 1857

采集地 马里亚纳岛弧区

深度 1695 m

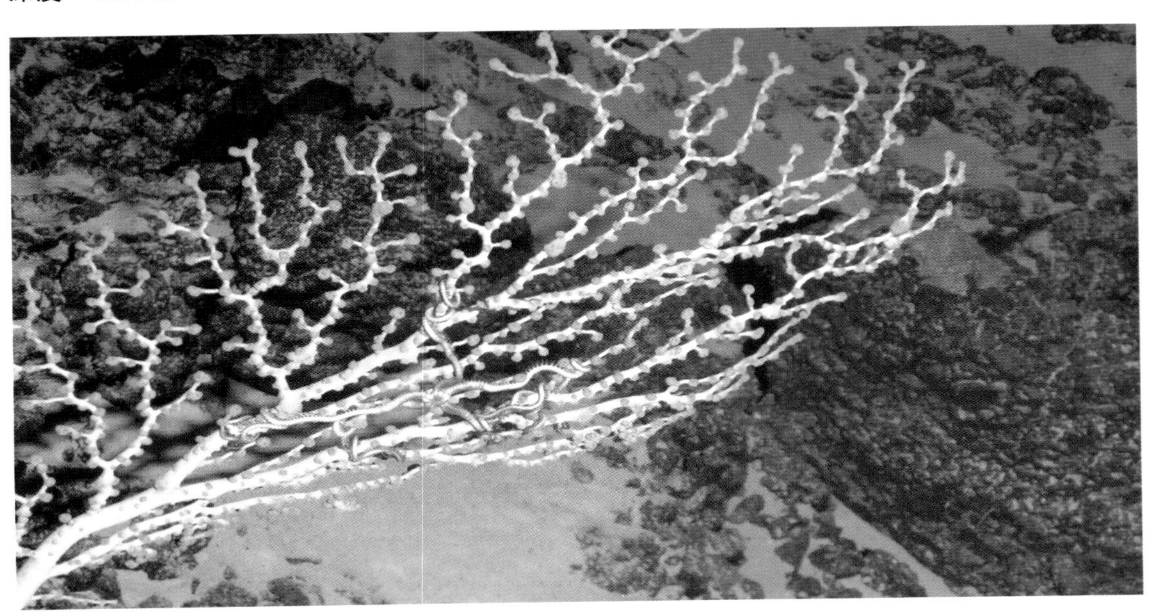

79. 拟柳珊瑚属未定种 5 *Paragorgia* sp. 5

分类学地位

八放珊瑚亚纲 Subclass Octocorallia Haeckel, 1866

软珊瑚目 Order Alcyonacea Lamouroux, 1812

硬轴柳珊瑚亚目 Suborder Scleroaxonia Studer, 1887

拟柳珊瑚科 Family Paragorgiidae Kükenthal, 1916

拟柳珊瑚属 Genus *Paragorgia* Milne-Edwards, 1857

采集地 马里亚纳岛弧区

深度 1675 m

80. 紫柳珊瑚属未定种 *Victorgorgia* sp.

分类学地位

八放珊瑚亚纲 Subclass Octocorallia Haeckel, 1866

软珊瑚目 Order Alcyonacea Lamouroux, 1812

硬轴柳珊瑚亚目 Suborder Scleroaxonia Studer, 1887

紫柳珊瑚科 Family Victorgorgiidae Mooe, Alderslade & Miller, 2017

紫柳珊瑚属 Genus *Victorgorgia* López-González & Briand, 2002

采集地 马里亚纳岛弧区

深度 1378 m

81. *Anthomastus* 属未定种 *Anthomastus* sp.

分类学地位

八放珊瑚亚纲 Subclass Octocorallia Haeckel, 1866

软珊瑚目 Order Alcyonacea Lamouroux, 1812

软珊瑚亚目 Suborder Alcyoniina Lamouroux, 1812

软珊瑚科 Family Alcyoniidae Lamouroux, 1812

Anthomastinae 亚科 Subfamily Anthomastinae Verrill, 1922

Anthomastus 属 Genus *Anthomastus* Verrill, 1878

采集地 马里亚纳海沟

深度 8867 m

82. 伞花海鳃属未定种 *Umbellula* sp.

分类学地位

八放珊瑚亚纲 Subclass Octocorallia Haeckel, 1866

海鳃目 Order Pennatulacea Verrill, 1865

伞花海鳃科 Family Umbellulidae Lindhal, 1874

伞花海鳃属 Genus *Umbellula* Cuvier, 1798

采集地 马里亚纳岛弧区

深度 4011 m

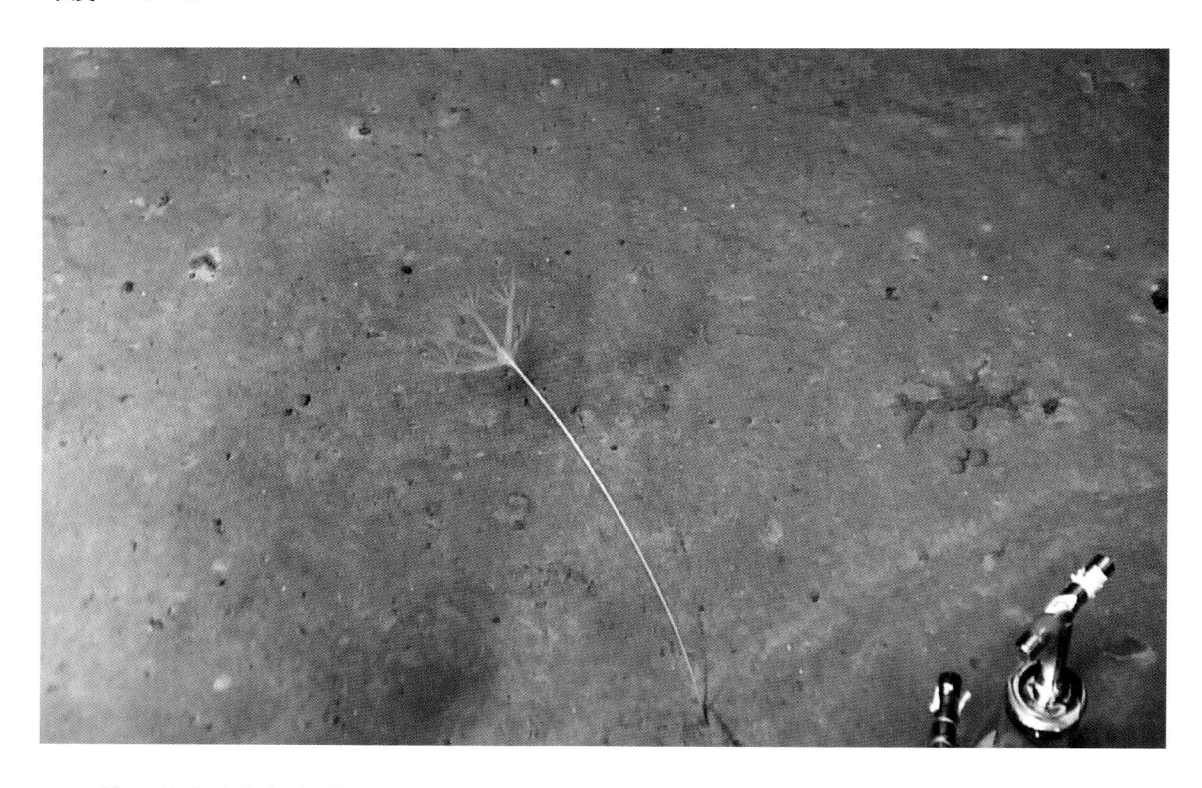

83. 花羽海鳃属未定种 *Anthoptilum* sp.

分类学地位

八放珊瑚亚纲 Subclass Octocorallia Haeckel, 1866

海鳃目 Order Pennatulacea Verrill, 1865

花羽海鳃科 Family Anthoptilidae Kölliker, 1880

花羽海鳃属 Genus *Anthoptilum* Kölliker, 1880

采集地 马里亚纳岛弧区

深度 2900 m

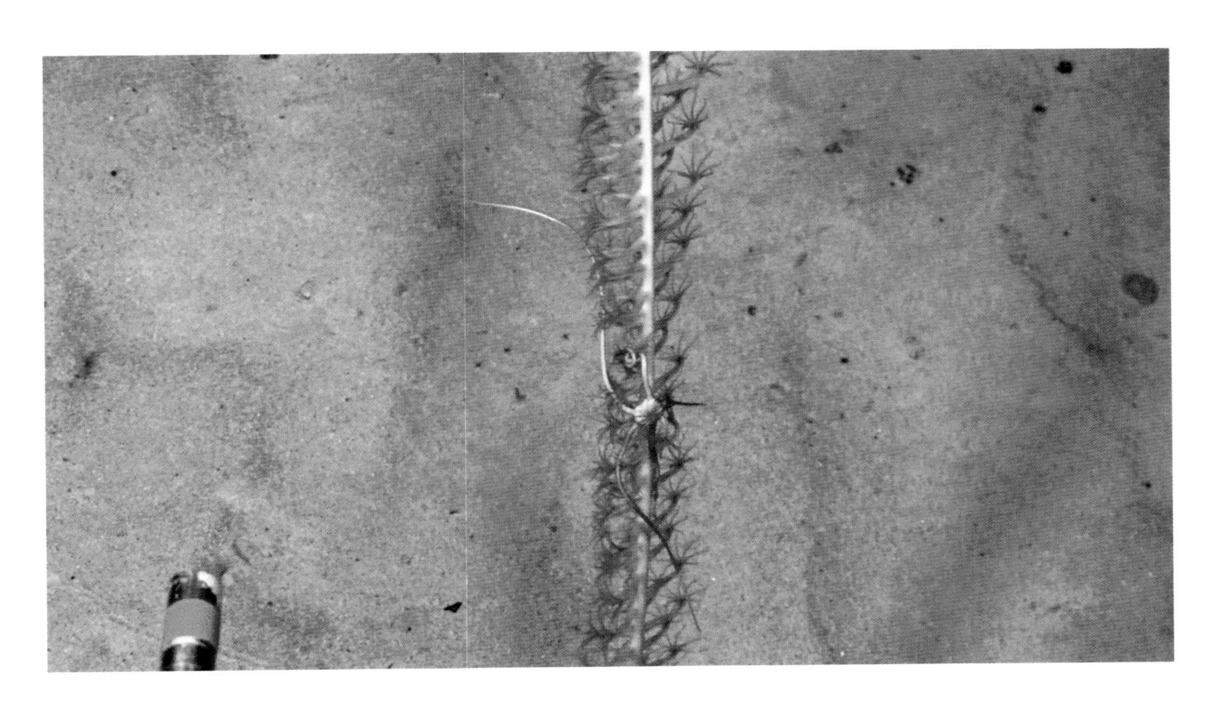

84. 海鳃目未定种 Pennatulacea sp.

分类学地位

八放珊瑚亚纲 Subclass Octocorallia Haeckel, 1866

海鳃目 Order Pennatulacea Verrill, 1865

采集地 马里亚纳岛弧区

深度 3213 m

栉水母门 Phylum Ctenophora Eschscholtz, 1829

85. 栉水母门未定种 Ctenophora sp.

分类学地位

栉水母门 Phylum Ctenophora Eschscholtz, 1829

采集地 菲律宾海中央裂谷带

深度 5355 m

环节动物门 Phylum Annelida Lamarck, 1802

多毛纲 Class Polychaeta Grube, 1850

86. 多鳞虫科未定种 1 Polynoidae sp. 1

分类学地位

叶须虫目 Order Phyllodocida Dales, 1962

多鳞虫科 Family Polynoidae Kinberg, 1856

采集地 马里亚纳海沟

深度 6500 m

87. 多鳞虫科未定种 2 Polynoidae sp. 2

分类学地位

叶须虫目 Order Phyllodocida Dales, 1962

多鳞虫科 Famliy Polynoidae Kinberg, 1856

采集地 菲律宾海中央裂谷带

深度 5680 m

88. 叶须虫目未定种 Phyllodocida sp.

分类学地位

叶须虫目 Order Phyllodocida Dales, 1962

采集地 菲律宾海中央裂谷带

深度 5680 m

软体动物门 Phylum Mollusca Cuvier, 1795

腹足纲 Class Gastropoda Cuvier, 1797

89. Raphitomidae 科未定种 Raphitomidae sp.

分类学地位

新腹足目 Order Neogastropoda Wenz, 1938

Raphitomidae 科 Family Raphitomidae Bellardi, 1815

采集地 菲律宾海中央裂谷带

深度 5355 m

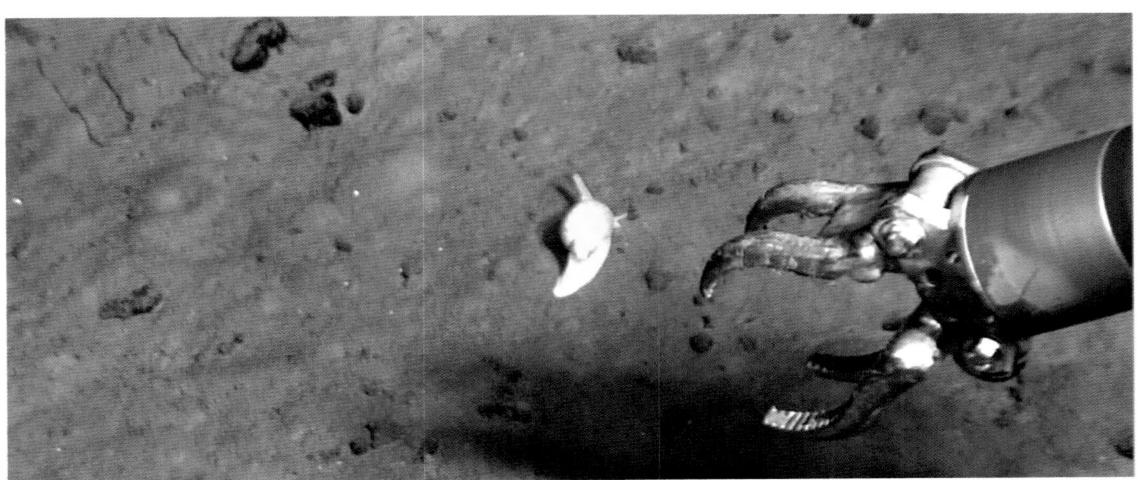

90. 海牛亚目未定种 Doridina sp.

分类学地位

裸鳃目 Order Nudibranchia Cuvier, 1817

海牛亚目 Suborder Doridina

采集地 菲律宾海中央裂谷带

深度 5410 m

双壳纲 Class Bivalvia Linnaeus, 1758

91. 扇贝科未定种 Pectinidae sp.

分类学地位

扇贝目 Order Pectinida Gray, 1854

扇贝科 Family Pectinidae Rafinesque, 1815

采集地 马里亚纳岛弧区

深度 2460 m

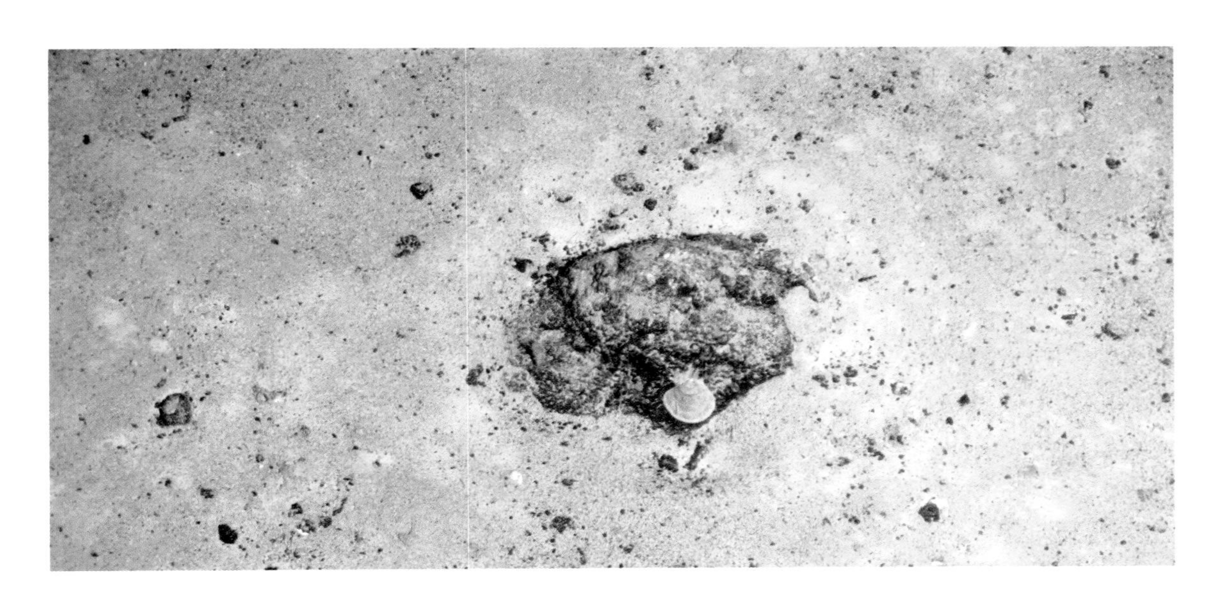

头足纲 Class Cephalopoda Cuvier, 1795

92. 烟灰蛸属未定种 *Grimpoteuthis* sp.

分类学地位

鞘形亚纲 Subclass Coleoidea Bather, 1888

八腕目 Order Octopoda Leach, 1818

面蛸科 Family Opisthoteuthidae Verrill, 1896

烟灰蛸属 Genus *Grimpoteuthis* Robson, 1932

采集地 马里亚纳岛弧区

深度 3398 m

软甲纲 Class Malacostraca Grobben, 1892

93. 须虾科未定种 1 Aristeidae sp. 1

分类学地位

十足目 Order Decapoda Latreille, 1802

枝鳃亚目 Suborder Dendrobranchiata Bate, 1888

对虾总科 Superfamily Penaeoidea Rafinesque, 1815

须虾科 Family Aristeidae Wood-Mason in Wood-Mason & Alcock, 1891

采集地 马里亚纳岛弧区

深度 2700 m

94. 须虾科未定种 2 Aristeidae sp. 2

分类学地位

十足目 Order Decapoda Latreille, 1802

枝鳃亚目 Suborder Dendrobranchiata Bate, 1888

对虾总科 Superfamily Penaeoidea Rafinesque, 1815

须虾科 Family Aristeidae Wood-Mason in Wood-Mason & Alcock, 1891

采集地 马里亚纳岛弧区

深度 2895 m

95. 须虾科未定种 3 Aristeidae sp. 3

分类学地位

十足目 Order Decapoda Latreille, 1802

枝鳃亚目 Suborder Dendrobranchiata Bate, 1888

对虾总科 Superfamily Penaeoidea Rafinesque, 1815

须虾科 Family Aristeidae Wood-Mason in Wood-Mason & Alcock, 1891

采集地 帕里西维拉海盆

深度 6455 m

96. 须虾科未定种 4 Aristeidae sp. 4

分类学地位

十足目 Order Decapoda Latreille, 1802

枝鳃亚目 Suborder Dendrobranchiata Bate, 1888

对虾总科 Superfamily Penaeoidea Rafinesque, 1815

须虾科 Family Aristeidae Wood-Mason in Wood-Mason & Alcock, 1891

采集地 帕里西维拉海盆

深度 5673 m

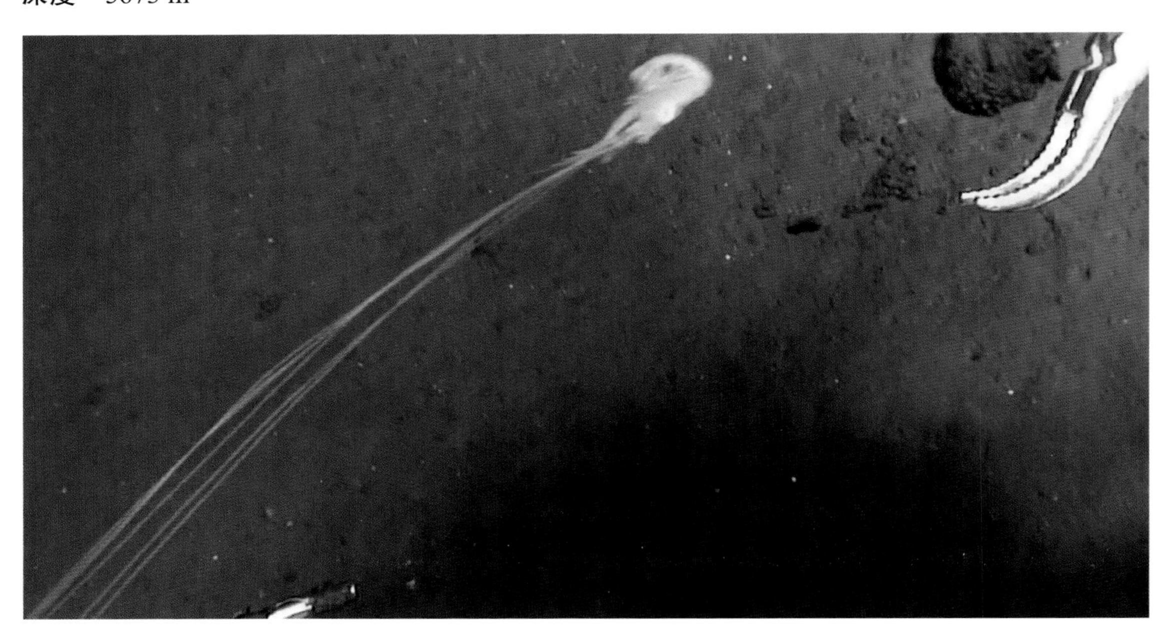

97. 线足虾属未定种 1 *Nematocarcinus* sp. 1

分类学地位

十足目 Order Decapoda Latreille, 1802

腹胚亚目 Suborder Pleocyemata Burkenroad, 1963

真虾下目 Infraorder Caridea Dana, 1852

线足虾总科 Superfamily Nematocarcinoidea Smith, 1884

线足虾科 Family Nematocarcinidae Smith, 1884

线足虾属 Genus *Nematocarcinus* Milne-Edwards, 1881

采集地 马里亚纳岛弧区

深度 1380 m

98. 线足虾属未定种 2 *Nematocarcinus* sp. 2

分类学地位

十足目 Order Decapoda Latreille, 1802

腹胚亚目 Suborder Pleocyemata Burkenroad, 1963

真虾下目 Infraorder Caridea Dana, 1852

线足虾总科 Superfamily Nematocarcinoidea Smith, 1884

线足虾科 Family Nematocarcinidae Smith, 1884

线足虾属 Genus *Nematocarcinus* Milne-Edwards, 1881

采集地 马里亚纳岛弧区

深度 2269 m

99. 异腕虾属未定种 1 *Heterocarpus* sp. 1

分类学地位

十足目 Order Decapoda Latreille, 1802

腹胚亚目 Suborder Pleocyemata Burkenroad, 1963

真虾下目 Infraorder Caridea Dana, 1852

长额虾总科 Superfamily Pandaloidea Haworth, 1825

长额虾科 Family Pandalidae Haworth, 1825

异腕虾属 Genus *Heterocarpus* Milne-Edwards, 1881

采集地 马里亚纳海沟

深度 6010 m

100. 异腕虾属未定种 2 *Heterocarpus* sp. 2

分类学地位

十足目 Order Decapoda Latreille, 1802

腹胚亚目 Suborder Pleocyemata Burkenroad, 1963

真虾下目 Infraorder Caridea Dana, 1852

长额虾总科 Superfamily Pandaloidea Haworth, 1825

长额虾科 Family Pandalidae Haworth, 1825

异腕虾属 Genus *Heterocarpus* Milne-Edwards, 1881

采集地 菲律宾海中央裂谷带

深度 5356～5531 m

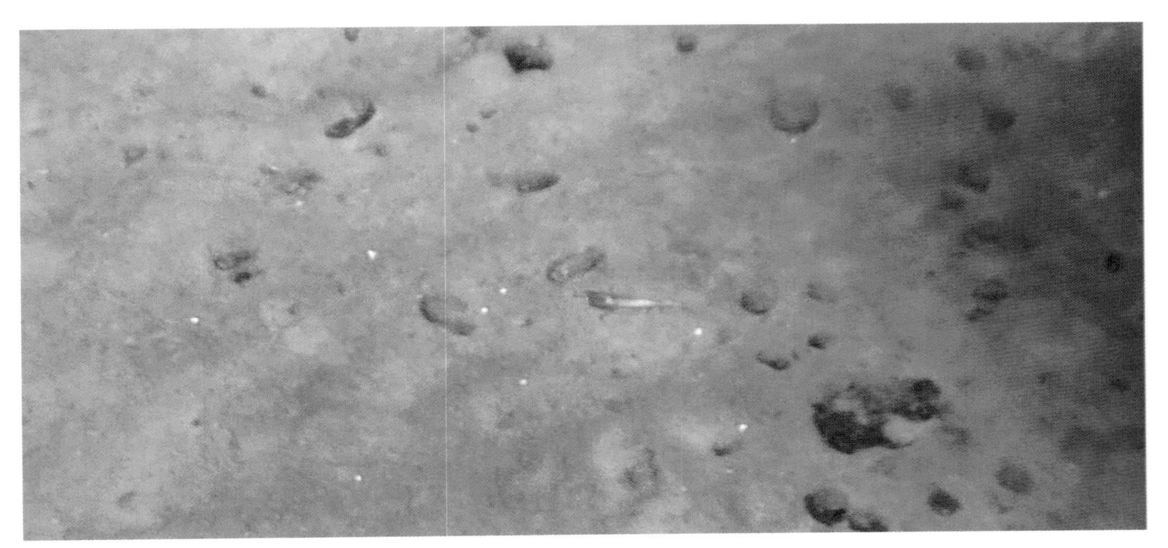

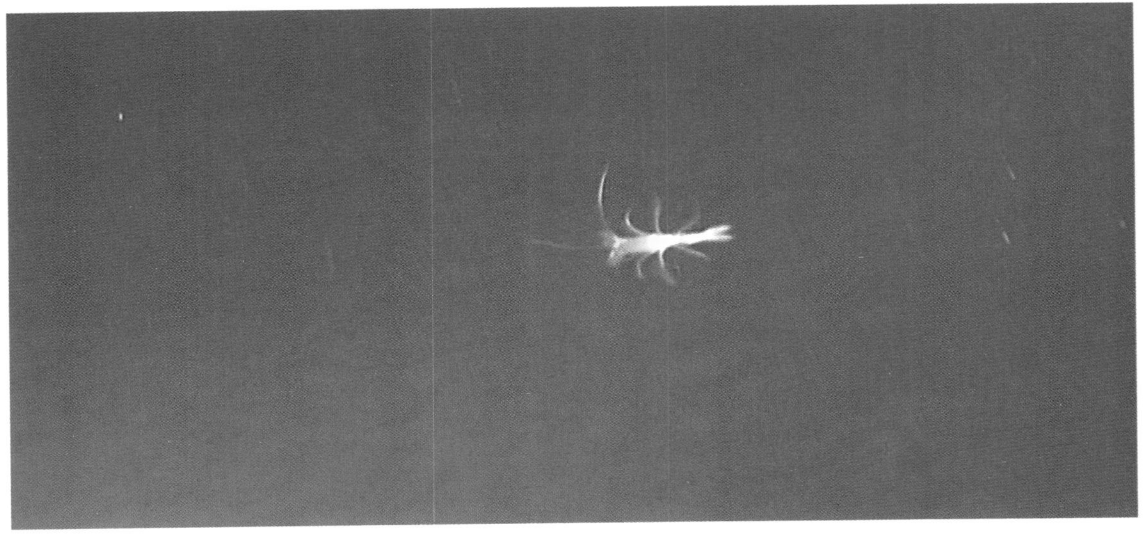

101. 台湾拟刺铠虾 *Munidopsis taiwanica* Osawa, Lin & Chan, 2008

分类学地位

十足目 Order Decapoda Latreille, 1802

腹胚亚目 Suborder Pleocyemata Burkenroad, 1963

异尾下目 Infraorder Anomura MacLeay, 1838

铠甲虾总科 Superfamily Galatheoidea Samouelle, 1819

拟刺铠虾科 Munidopsidae Ortmann, 1898

拟刺铠虾属 *Munidopsis* Whiteaves, 1874

采集地 马里亚纳海沟

深度 5500 m

棘皮动物门 Phylum Echinodermata Bruguière, 1791 [ex Klein, 1734]

海百合纲 Class Crinoidea Miller, 1821

102. *Proisocrinus ruberrimus* A. H. Clark, 1910

分类学地位

等节海百合目 Order Isocrinida Sieverts-Doreck, 1952

Proisocrinidae 科 Family Proisocrinidae Rasmussen, 1978

Proisocrinus 属 Genus *Proisocrinus* A. H. Clark, 1910

采集地 马里亚纳岛弧区

深度 1383 m

103. *Proisocrinus* 属未定种 *Proisocrinus* sp.

分类学地位

等节海百合目 Order Isocrinida Sieverts-Doreck, 1952

Proisocrinidae 科 Family Proisocrinidae Rasmussen, 1978

Proisocrinus 属 Genus *Proisocrinus* A. H. Clark, 1910

采集地 马里亚纳岛弧区

深度 1383 m

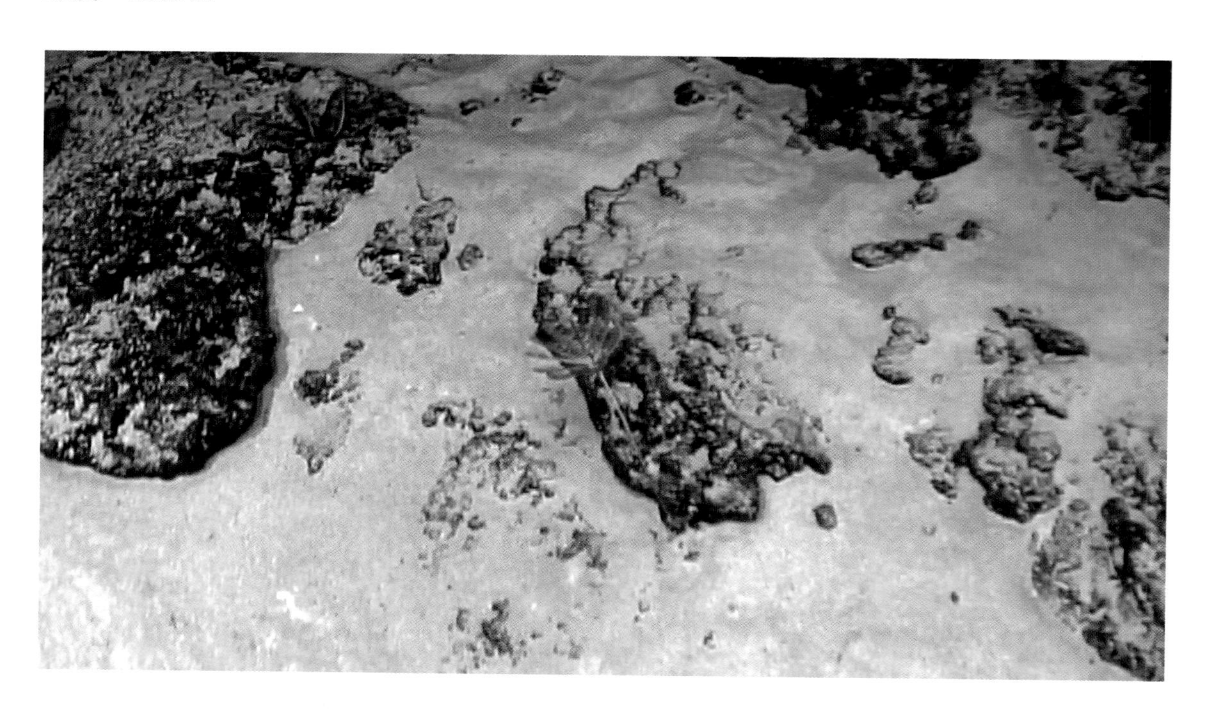

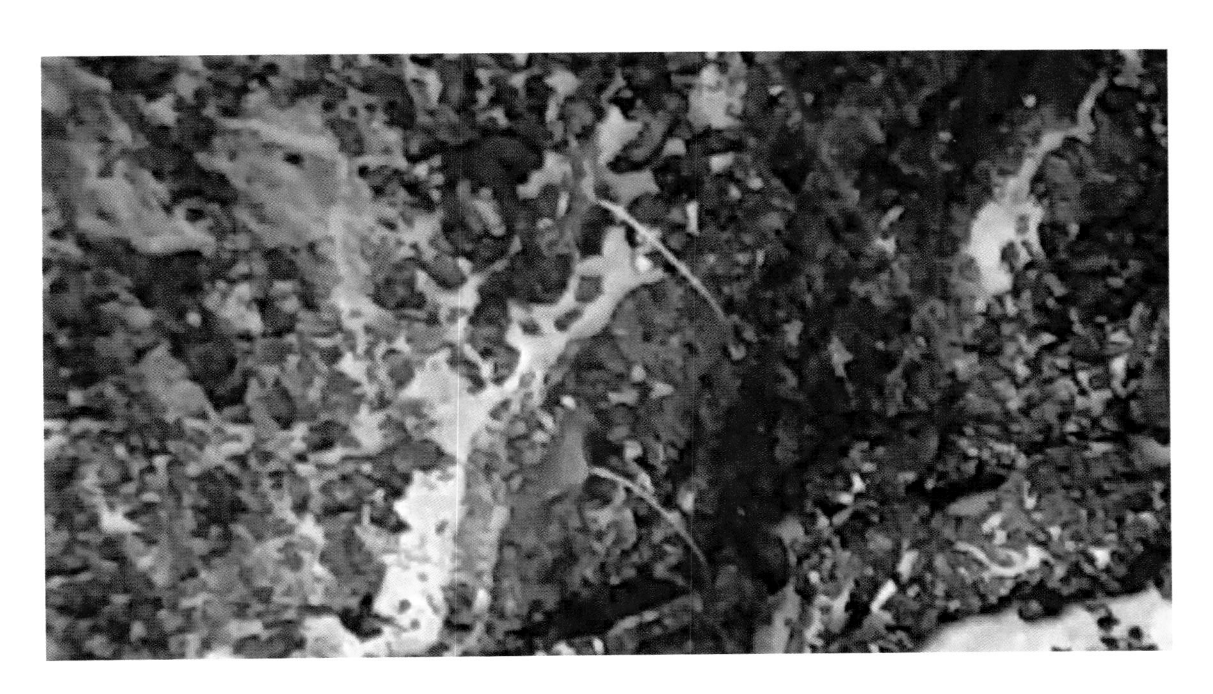

104. 海羊齿科未定种 **Antedonidae sp.**

分类学地位

栉羽枝目 Order Comatulida A. H. Clark, 1908

海羊齿科 Family Antedonidae Norman, 1865

采集地 帕里西维拉海盆

深度 6163 m

105. 五腕羽枝科未定种 1 Pentametrocrinidae sp. 1

分类学地位

栉羽枝目 Order Comatulida A. H. Clark, 1908

五腕羽枝科 Family Pentametrocrinidae A. H. Clark, 1908

采集地 马里亚纳岛弧区

深度 2672 m

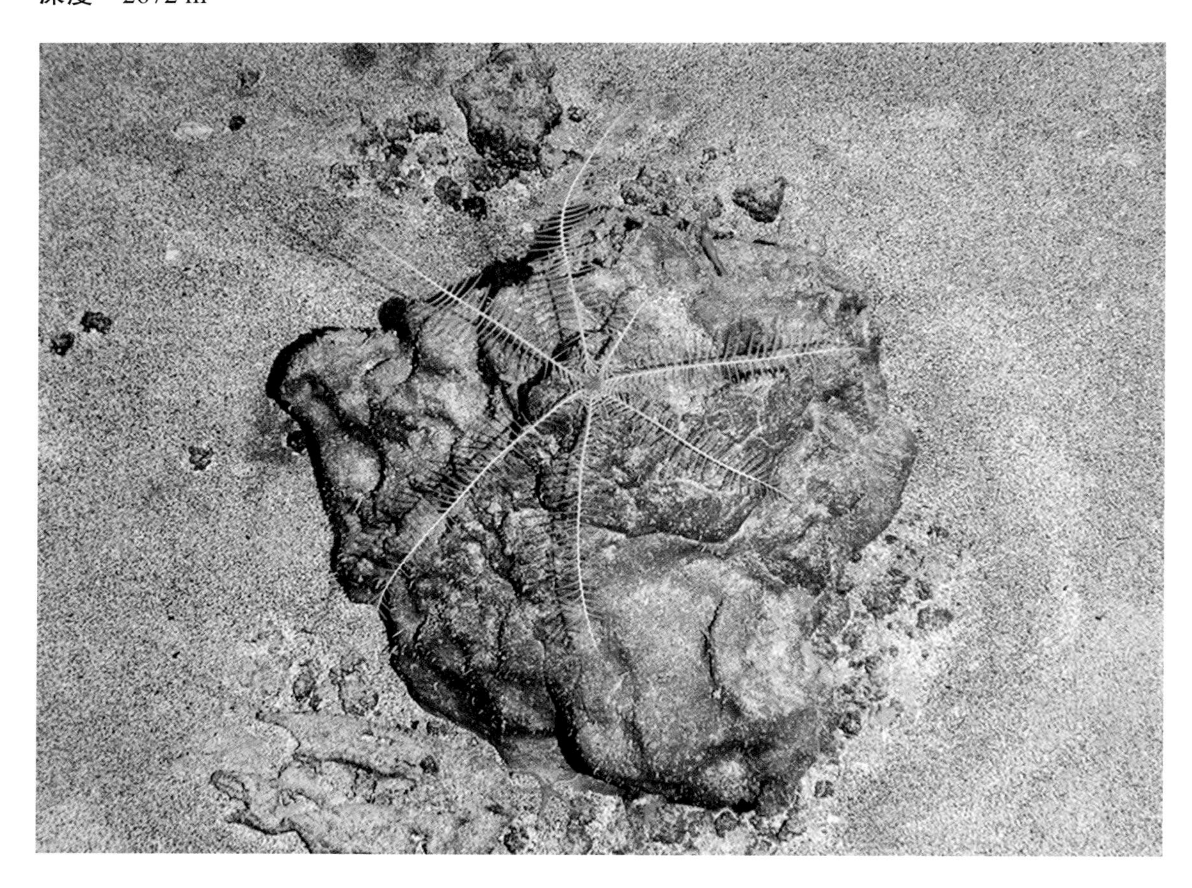

106. 五腕羽枝科未定种 2 Pentametrocrinidae sp. 2

分类学地位

栉羽枝目 Order Comatulida A. H. Clark, 1908

五腕羽枝科 Family Pentametrocrinidae A. H. Clark, 1908

采集地 马里亚纳岛弧区

深度 1300～1860 m

107. 五腕羽枝科未定种 3 Pentametrocrinidae sp. 3

分类学地位

栉羽枝目 Order Comatulida A. H. Clark, 1908

五腕羽枝科 Family Pentametrocrinidae A. H. Clark, 1908

采集地 马里亚纳岛弧区

深度 1389 m

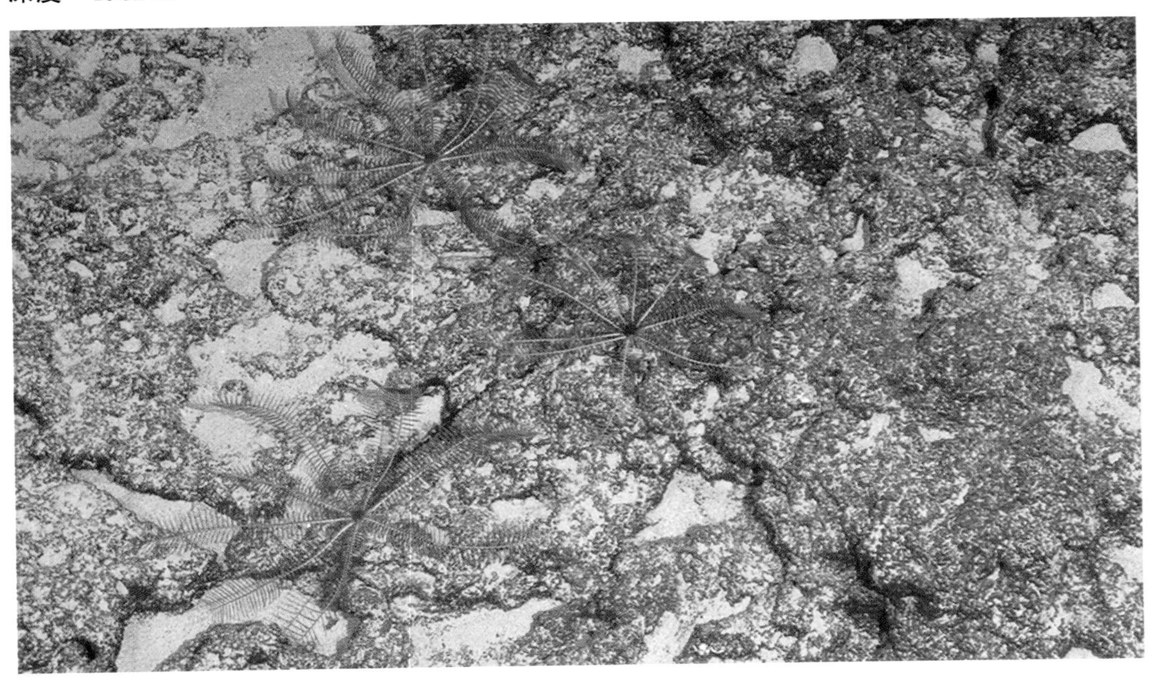

108. 五腕羽枝科未定种 4 Pentametrocrinidae sp. 4

分类学地位

栉羽枝目 Order Comatulida A. H.Clark, 1908

五腕羽枝科 Family Pentametrocrinidae A. H. Clark, 1908

采集地 马里亚纳岛弧区

深度 1389～1657 m

109. 五腕羽枝科未定种 5 Pentametrocrinidae sp. 5

分类学地位

栉羽枝目 Order Comatulida A. H. Clark, 1908

五腕羽枝科 Family Pentametrocrinidae A. H. Clark, 1908

采集地 马里亚纳岛弧区

深度 1390 m

110. *Thaumatocrinus* 属未定种 *Thaumatocrinus* sp.

分类学地位

栉羽枝目 Order Comatulida A. H.Clark, 1908

五腕羽枝科 Family Pentametrocrinidae A. H. Clark, 1908

Thaumatocrinus 属 Genus *Thaumatocrinus* Carpenter, 1883

采集地 马里亚纳岛弧区

深度 1300 m

111. 海羽枝科未定种 Thalassometridae sp.

分类学地位

栉羽枝目 Order Comatulida A. H. Clark, 1908

海羽枝科 Family Thalassometridae A. H. Clark, 1908

采集地 马里亚纳岛弧区

深度 1560 m

112. *Discolocrinus* 属未定种 *Discolocrinus* sp.

分类学地位

栉羽枝目 Order Comatulida A. H. Clark, 1908

深海海百合科 Family Bathycrinidae Bather, 1899

Discolocrinus 属 Genus *Discolocrinus* Mironov, 2008

采集地 马里亚纳海沟-雅浦海沟连接区

深度 3234 m

113. 深海海百合科未定种 Bathycrinidae sp.

分类学地位

栉羽枝目 Order Comatulida A. H. Clark, 1908

深海海百合科 Family Bathycrinidae Bather, 1899

采集地 菲律宾海中央裂谷带

深度 5356 m

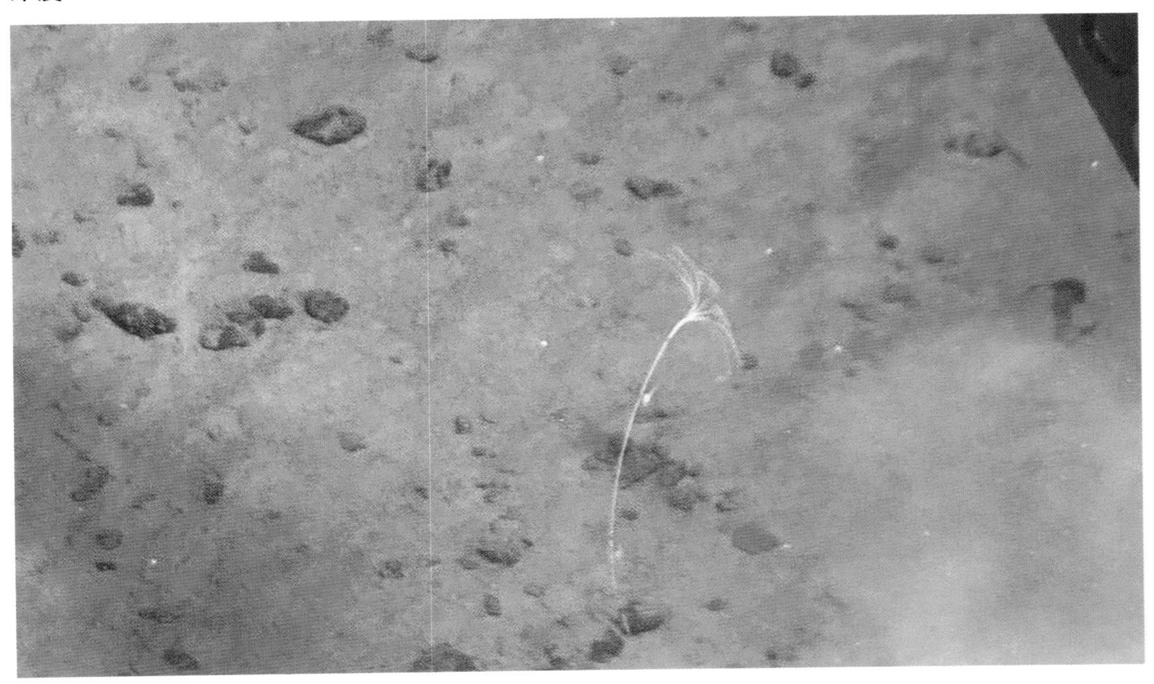

114. 短花海百合科未定种 Hyocrinidae sp.

分类学地位

短花海百合目 Order Hyocrinida Rasmussen, 1978

短花海百合科 Family Hyocrinidae Carpenter, 1884

采集地 马里亚纳岛弧区

深度 2472 m

115. 海百合纲未定种 1 Crinoidea sp. 1

分类学地位

海百合纲 Class Crinoidea Miller, 1821

采集地 帕里西维拉海盆

深度 6128 m

116. 海百合纲未定种 2 Crinoidea sp. 2

分类学地位

海百合纲 Class Crinoidea Miller, 1821

采集地 马里亚纳岛弧区

深度 1396 m

117. 海百合纲未定种 3 Crinoidea sp. 3

分类学地位

海百合纲 Class Crinoidea Miller, 1821

采集地 马里亚纳岛弧区

深度 1526 m

118. 海百合纲未定种 4 Crinoidea sp. 4

分类学地位

海百合纲 Class Crinoidea Miller, 1821

采集地 帕里西维拉海盆

深度 6704 m

海星纲 Class Asteroidea de Blainville, 1830

119. 翅海星科未定种 1 Pterasteridae sp. 1

分类学地位

帆海星目 Order Velatida Perrier, 1884

翅海星科 Family Pterasteridae Perrier, 1875

采集地 雅浦海沟

深度 6680 m

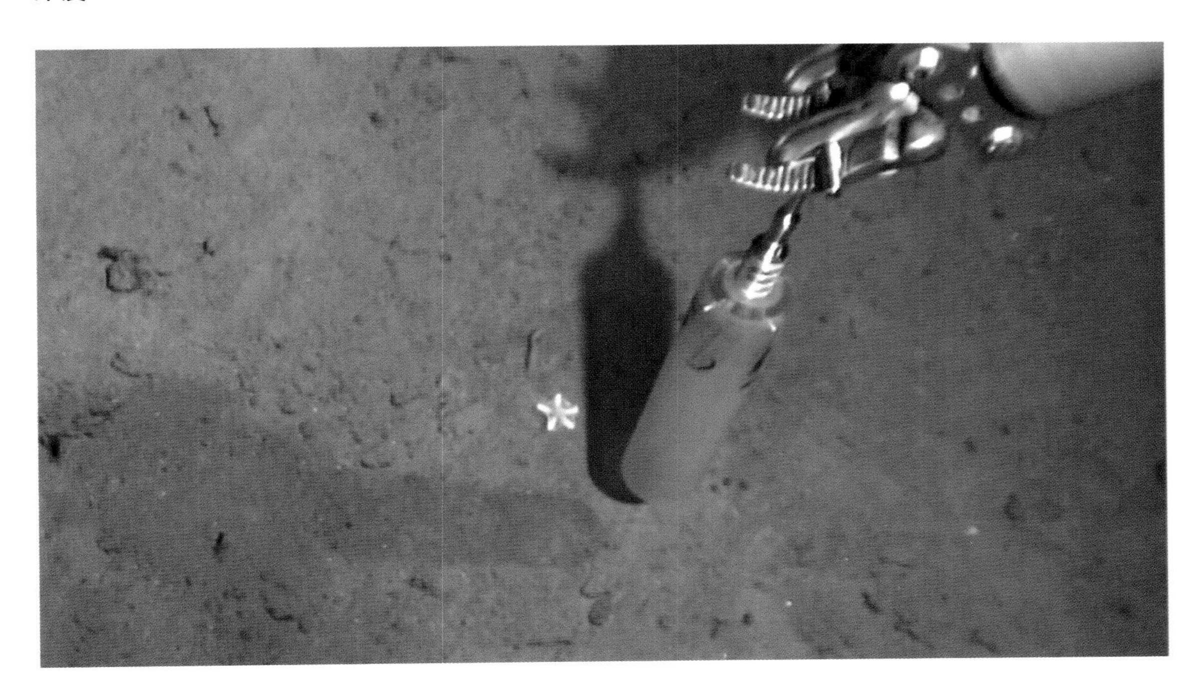

120. 翅海星科未定种 2 Pterasteridae sp. 2

分类学地位

帆海星目 Order Velatida Perrier, 1884

翅海星科 Family Pterasteridae Perrier, 1875

采集地 帕里西维拉海盆

深度 5114 m

121. 翅海星科未定种 3 Pterasteridae sp. 3

分类学地位

帆海星目 Order Velatida Perrier, 1884

翅海星科 Family Pterasteridae Perrier, 1875

采集地 马里亚纳海沟-雅浦海沟连接区

深度 3261 m

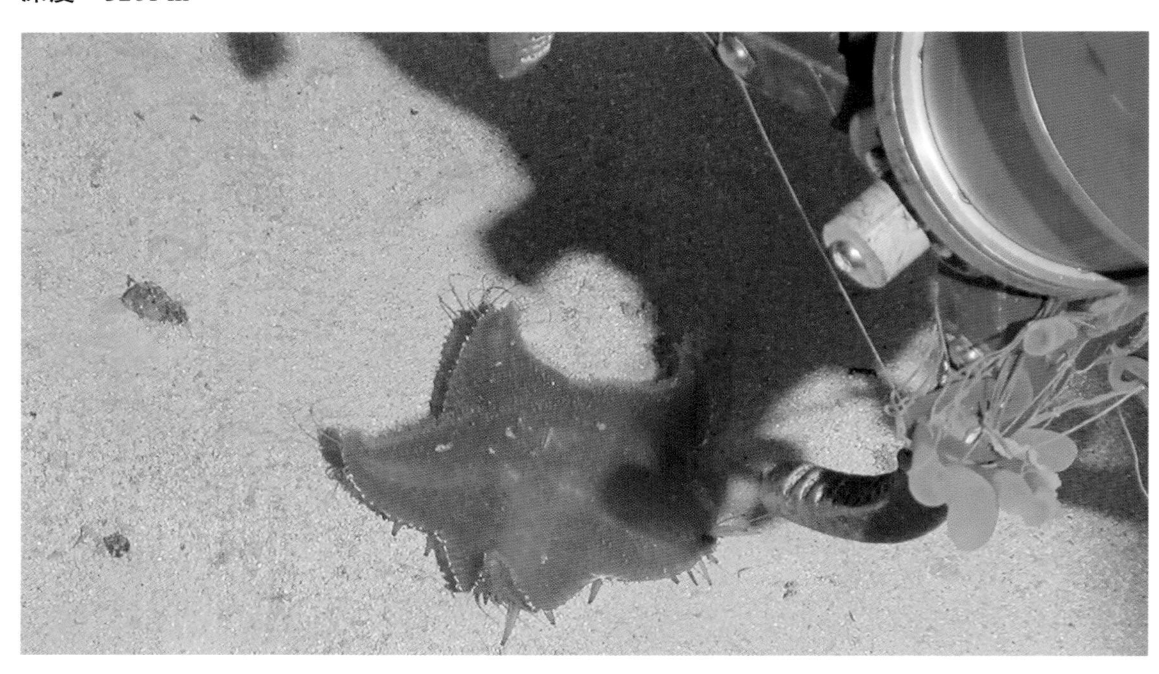

122. 翅海星科未定种 4 Pterasteridae sp. 4

分类学地位

帆海星目 Order Velatida Perrier, 1884

翅海星科 Family Pterasteridae Perrier, 1875

采集地 马里亚纳岛弧区

深度 3447 m

123. 美神海星属未定种 1 *Freyella* sp. 1

分类学地位

项链海星目 Order Brisingida Fisher, 1928

美神海星科 Family Freyellidae Downey, 1986

美神海星属 Genus *Freyella* Perrier, 1885

采集地 雅浦弧前区

深度 3338 m

124. 美神海星属未定种 2 *Freyella* sp. 2

分类学地位

项链海星目 Order Brisingida Fisher, 1928

美神海星科 Family Freyellidae Downey, 1986

美神海星属 Genus *Freyella* Perrier, 1885

采集地 马里亚纳海沟

深度 4708 m

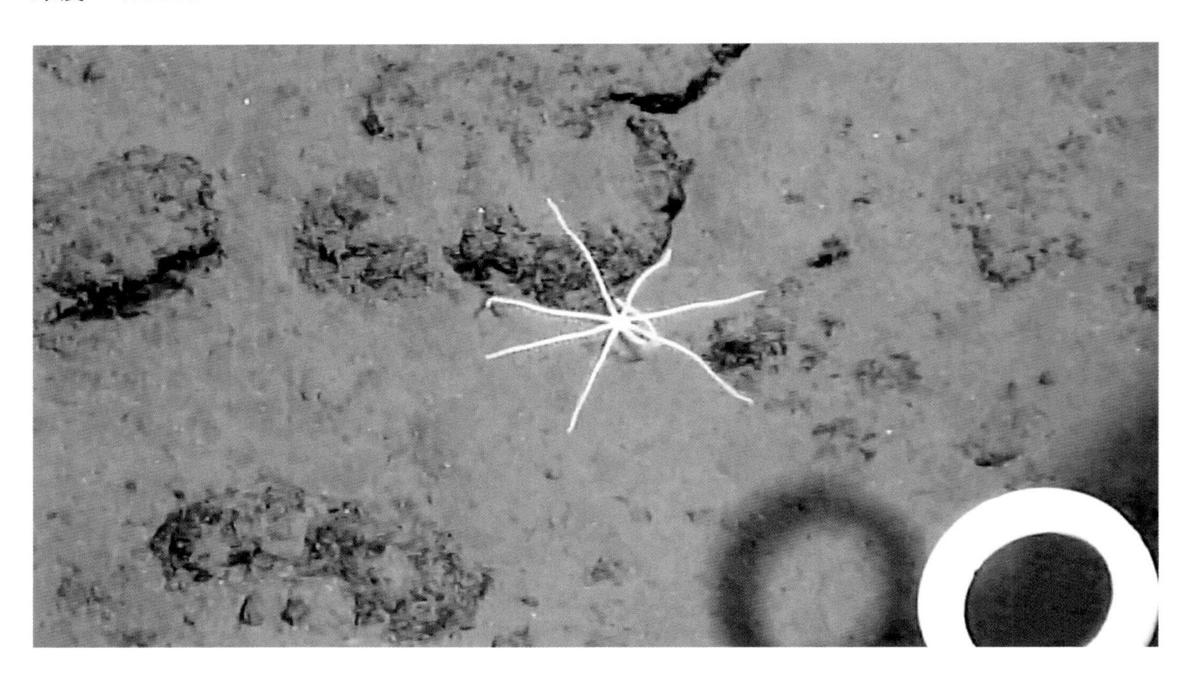

125. 美神海星属未定种 3 *Freyella* sp. 3

分类学地位

项链海星目 Order Brisingida Fisher, 1928

美神海星科 Family Freyellidae Downey, 1986

美神海星属 Genus *Freyella* Perrier, 1885

采集地 马里亚纳岛弧区

深度 3410 m

126. 美神海星属未定种 4 *Freyella* sp. 4

分类学地位

项链海星目 Order Brisingida Fisher, 1928

美神海星科 Family Freyellidae Downey, 1986

美神海星属 Genus *Freyella* Perrier, 1885

采集地 雅浦弧前区

深度 4319 m

127. 美神海星属未定种 5 *Freyella* sp. 5

分类学地位

项链海星目 Order Brisingida Fisher, 1928

美神海星科 Family Freyellidae Downey, 1986

美神海星属 Genus *Freyella* Perrier, 1885

采集地 菲律宾海中央裂谷带

深度 6242 m

128. 美神海星属未定种 6 *Freyella* sp. 6

分类学地位

项链海星目 Order Brisingida Fisher, 1928

美神海星科 Family Freyellidae Downey, 1986

美神海星属 Genus *Freyella* Perrier, 1885

采集地 菲律宾海中央裂谷带

深度 6274 m

129. 莫氏长板海星 *Freyastera mortenseni* (Madsen, 1956)

分类学地位

项链海星目 Order Brisingida Fisher, 1928

美神海星科 Family Freyellidae Downey, 1986

长板海星属 Genus *Freyastera* Downey, 1986

采集地 马里亚纳海沟

深度 6010 m

130. 篮状长板海星 *Freyastera basketa* Zhang et al., 2019

分类学地位

项链海星目 Order Brisingida Fisher, 1928

美神海星科 Family Freyellidae Downey, 1986

长板海星属 Genus *Freyastera* Downey, 1986

采集地 马里亚纳海沟, 雅浦海沟

深度 4800～4990 m

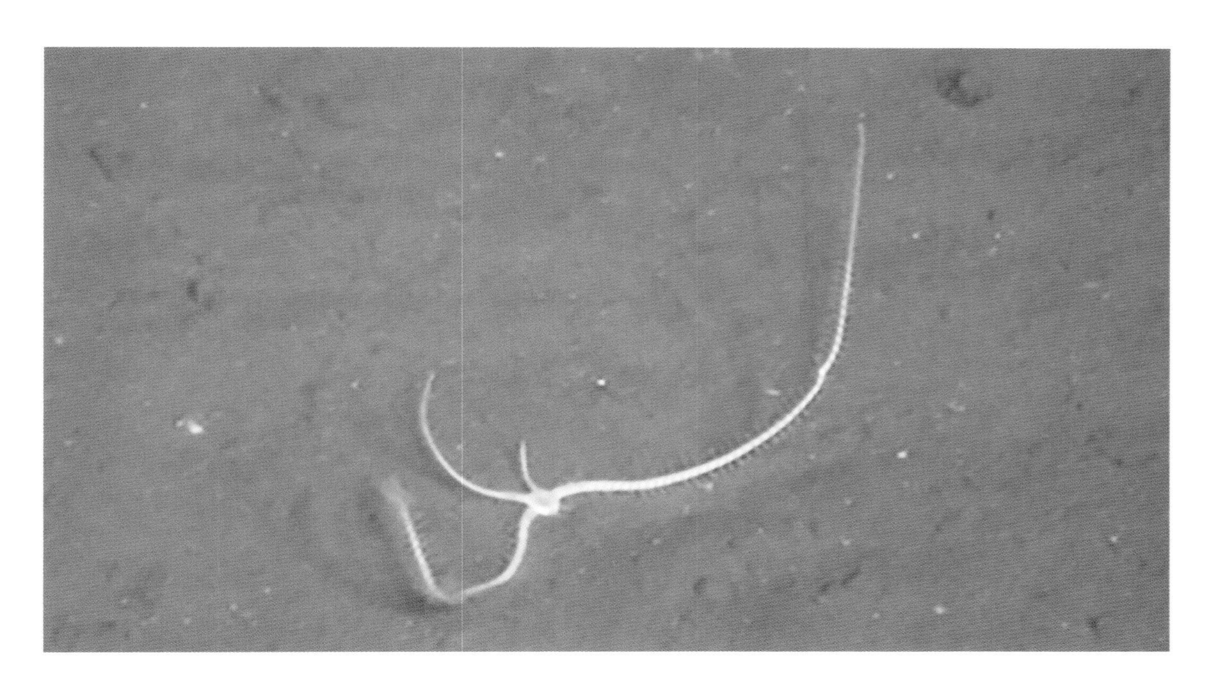

131. 长板海星属未定种 1 *Freyastera* sp. 1

分类学地位

项链海星目 Order Brisingida Fisher, 1928

美神海星科 Family Freyellidae Downey, 1986

长板海星属 Genus *Freyastera* Downey, 1986

采集地 雅浦海沟

深度 6609 m

132. 长板海星属未定种 2 *Freyastera* sp. 2

分类学地位

项链海星目 Order Brisingida Fisher, 1928

美神海星科 Family Freyellidae Downey, 1986

长板海星属 Genus *Freyastera* Downey, 1986

采集地 菲律宾海中央裂谷带

深度 5381 m

133. 长板海星属未定种 3 *Freyastera* sp. 3

分类学地位

项链海星目 Order Brisingida Fisher, 1928

美神海星科 Family Freyellidae Downey, 1986

长板海星属 Genus *Freyastera* Downey, 1986

采集地 马里亚纳岛弧区

深度 2512 m

134. 长板海星属未定种 4 *Freyastera* sp. 4

分类学地位

项链海星目 Order Brisingida Fisher, 1928

美神海星科 Family Freyellidae Downey, 1986

长板海星属 Genus *Freyastera* Downey, 1986

采集地 帕里西维拉海盆

深度 5469 m

135. 长板海星属未定种 5 *Freyastera* sp. 5

分类学地位

项链海星目 Order Brisingida Fisher, 1928

美神海星科 Family Freyellidae Downey, 1986

长板海星属 Genus *Freyastera* Downey, 1986

采集地 马里亚纳海沟

深度 5400 m

136. 长板海星属未定种 6 *Freyastera* sp. 6

分类学地位

项链海星目 Order Brisingida Fisher, 1928

美神海星科 Family Freyellidae Downey, 1986

长板海星属 Genus *Freyastera* Downey, 1986

采集地 马里亚纳岛弧区

深度 3751 m

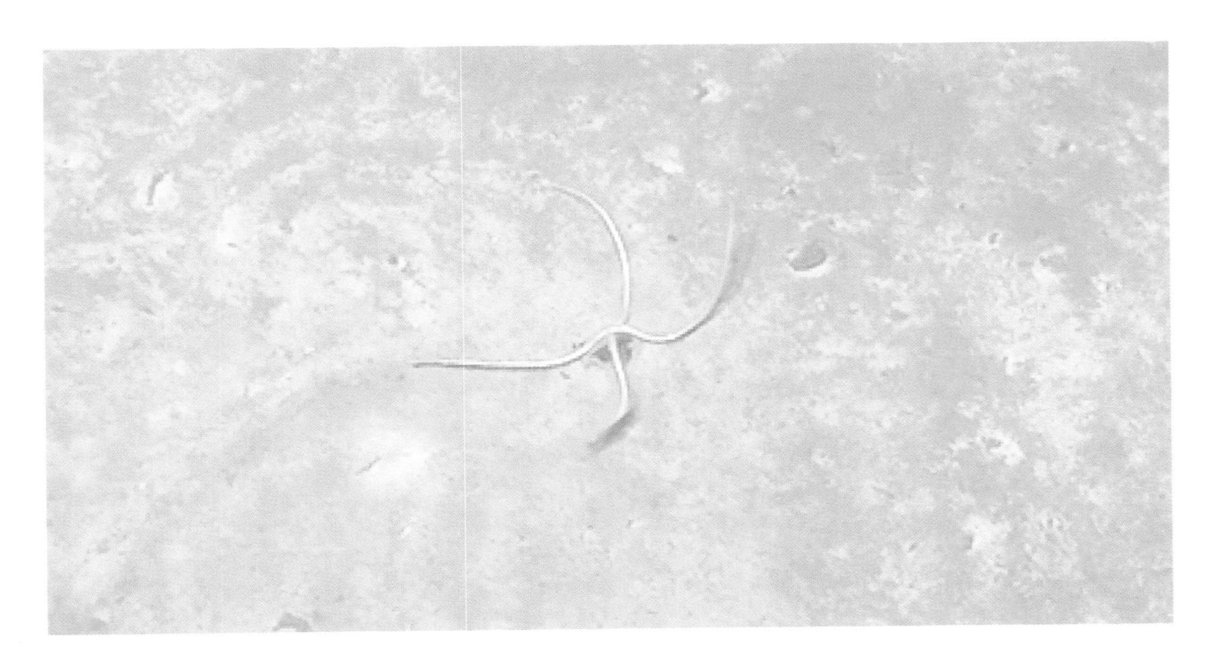

137. 长板海星属未定种 7 *Freyastera* sp. 7

分类学地位

项链海星目 Order Brisingida Fisher, 1928

美神海星科 Family Freyellidae Downey, 1986

长板海星属 Genus *Freyastera* Downey, 1986

采集地 雅浦海沟

深度 4430～4950 m

138. 长板海星属未定种 8 *Freyastera* sp. 8

分类学地位

项链海星目 Order Brisingida Fisher, 1928

美神海星科 Family Freyellidae Downey, 1986

长板海星属 Genus *Freyastera* Downey, 1986

采集地 菲律宾海中央裂谷带

深度 5611 m

139. 美神海星科未定种 1 Freyellidae sp. 1

分类学地位

项链海星目 Order Brisingida Fisher, 1928

美神海星科 Family Freyellidae Downey, 1986

采集地 帕里西维拉海盆

深度 6061 m

140. 美神海星科未定种 2 Freyellidae sp. 2

分类学地位

项链海星目 Order Brisingida Fisher, 1928

美神海星科 Family Freyellidae Downey, 1986

采集地 雅浦海沟

深度 6200 m

141. 美神海星科未定种 3 Freyellidae sp. 3

分类学地位

项链海星目 Order Brisingida Fisher, 1928

美神海星科 Family Freyellidae Downey, 1986

采集地 帕里西维拉海盆

深度 5984 m

142. 美神海星科未定种 4 Freyellidae sp. 4

分类学地位

项链海星目 Order Brisingida Fisher, 1928

美神海星科 Family Freyellidae Downey, 1986

采集地 雅浦海沟

深度 5580～5900 m

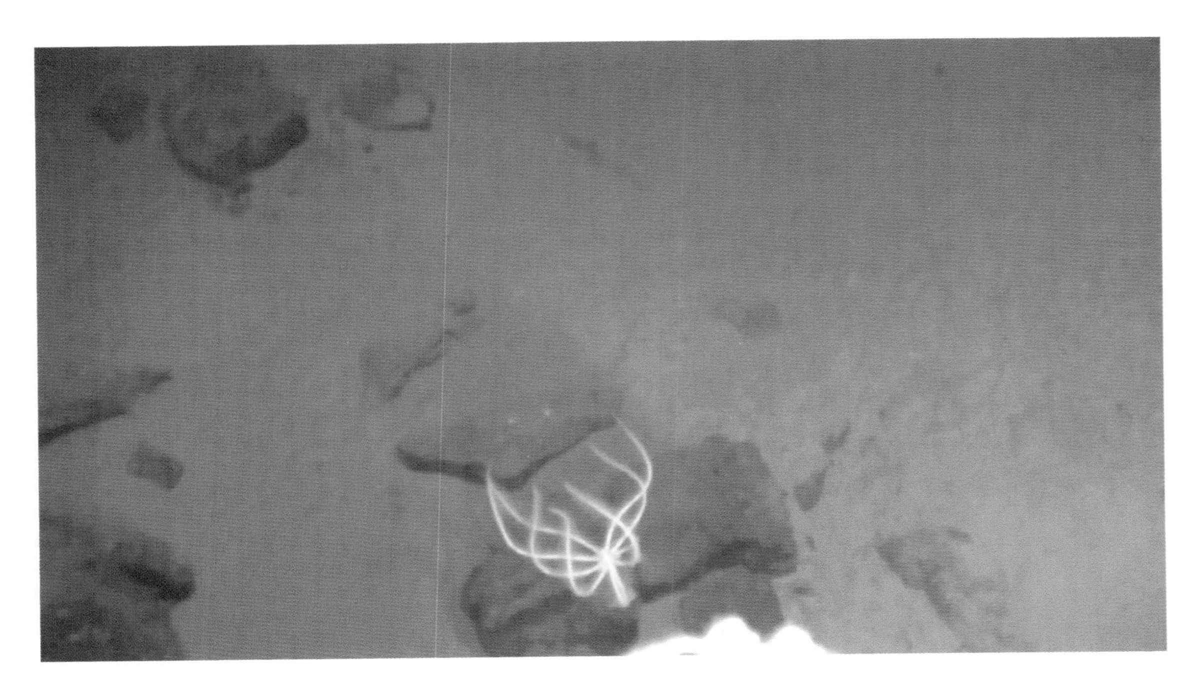

143. 项链海星科未定种 Brisingidae sp.

分类学地位

项链海星目 Order Brisingida Fisher, 1928

项链海星科 Family Brisingidae G. O. Sars, 1875

采集地 马里亚纳岛弧区

深度 1387 m

144. 项链海星目未定种 1 Brisingida sp. 1

分类学地位

项链海星目 Order Brisingida Fisher, 1928

采集地 马里亚纳岛弧区

深度 1386 m

145. 项链海星目未定种 2 Brisingida sp. 2

分类学地位

项链海星目 Order Brisingida Fisher, 1928

采集地 马里亚纳岛弧区

深度 1376 m

146. 雅浦棘腕海星 *Styracaster yapensis* Zhang et al., 2017

分类学地位

柱体目 Order Paxillosida Perrier, 1884

瓷海星科 Family Porcellanasteridae Sladen, 1883

棘腕海星属 Genus *Styracaster* Sladen, 1883

采集地 雅浦海沟，帕里西维拉海盆

深度 6130～6694 m

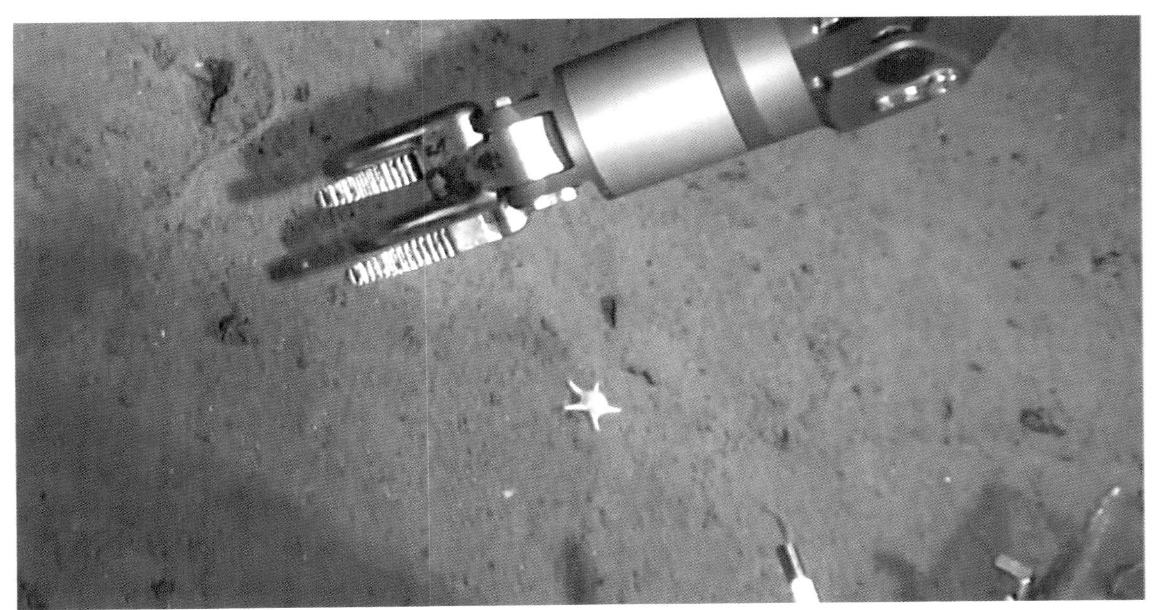

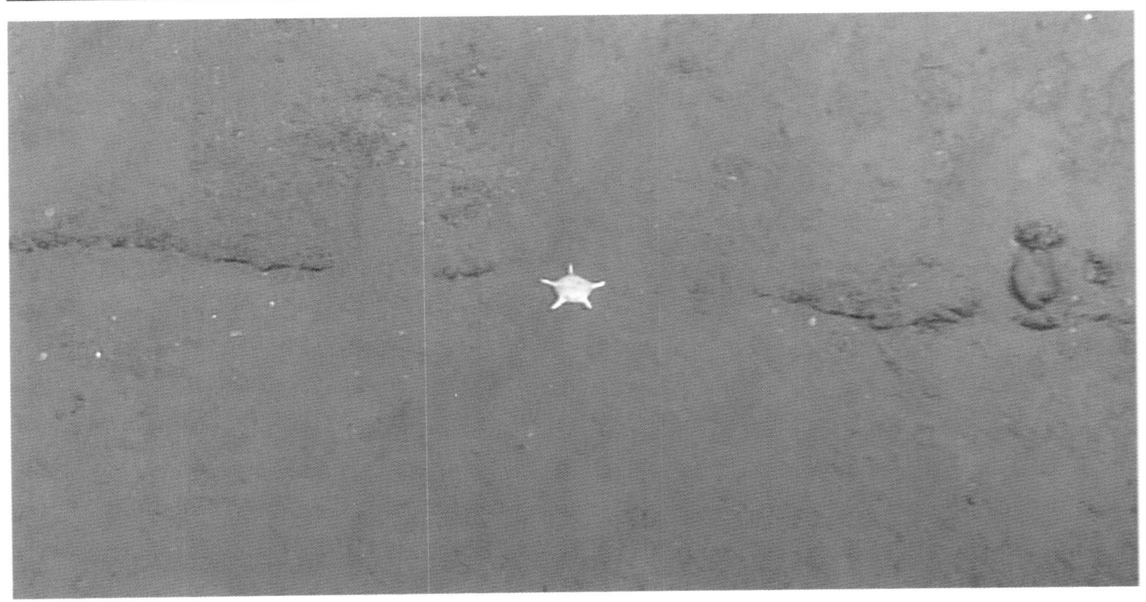

147. 柱体目未定种 **Paxillosida sp.**

分类学地位

柱体目 Order Paxillosida Perrier, 1884

采集地 马里亚纳岛弧区

深度 2902 m

148. 海星纲未定种 1 **Asteroidea sp. 1**

分类学地位

海星纲 Class Asteroidea de Blainville, 1830

采集地 马里亚纳岛弧区

深度 2073 m

149. 海星纲未定种 2 Asteroidea sp. 2

分类学地位

海星纲 Class Asteroidea de Blainville, 1830

采集地 马里亚纳岛弧区

深度 3980 m

150. 海星纲未定种 3 Asteroidea sp. 3

分类学地位

海星纲 Class Asteroidea de Blainville, 1830

采集地 帕里西维拉海盆

深度 6351 m

蛇尾纲 Class Ophiuroidea Gray, 1840

151. 真蛇尾目未定种 1 Ophiurida sp. 1

分类学地位

真蛇尾目 Order Ophiurida Müller & Troschel, 1840 sensu O'Hara et al., 2017

采集地 马里亚纳海沟

深度 4780 m

152. 真蛇尾目未定种 2 Ophiurida sp. 2

分类学地位

真蛇尾目 Order Ophiurida Müller & Troschel, 1840 sensu O'Hara et al., 2017

采集地 雅浦海沟

深度 4990 m

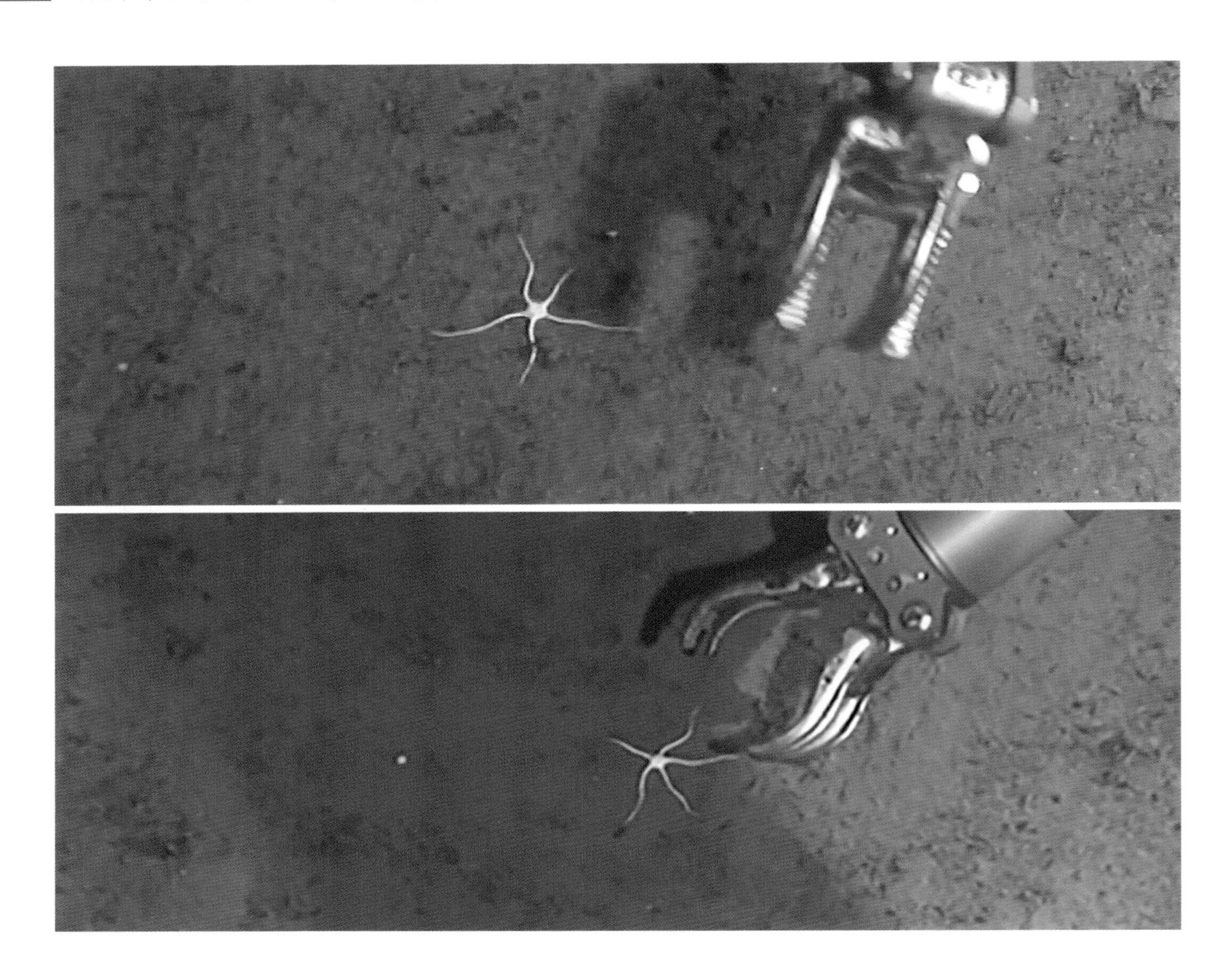

153. 真蛇尾目未定种 3 Ophiurida sp. 3

分类学地位

真蛇尾目 Order Ophiurida Müller & Troschel, 1840 sensu O’Hara et al., 2017

采集地 马里亚纳海沟

深度 6520 m

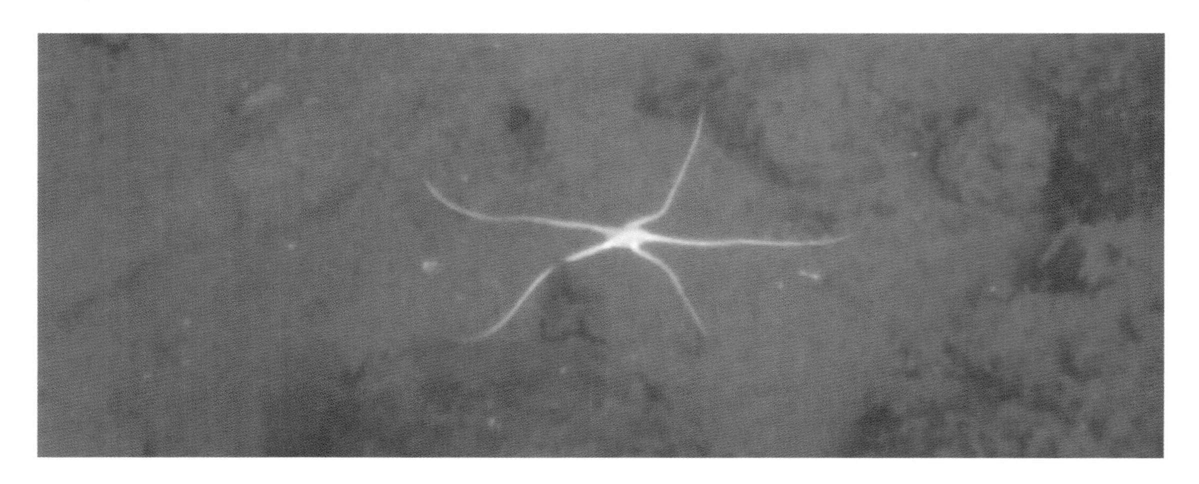

154. 真蛇尾目未定种 4 Ophiurida sp. 4

分类学地位

真蛇尾目 Order Ophiurida Müller & Troschel, 1840 sensu O'Hara et al., 2017

采集地 马里亚纳海沟

深度 6108 m

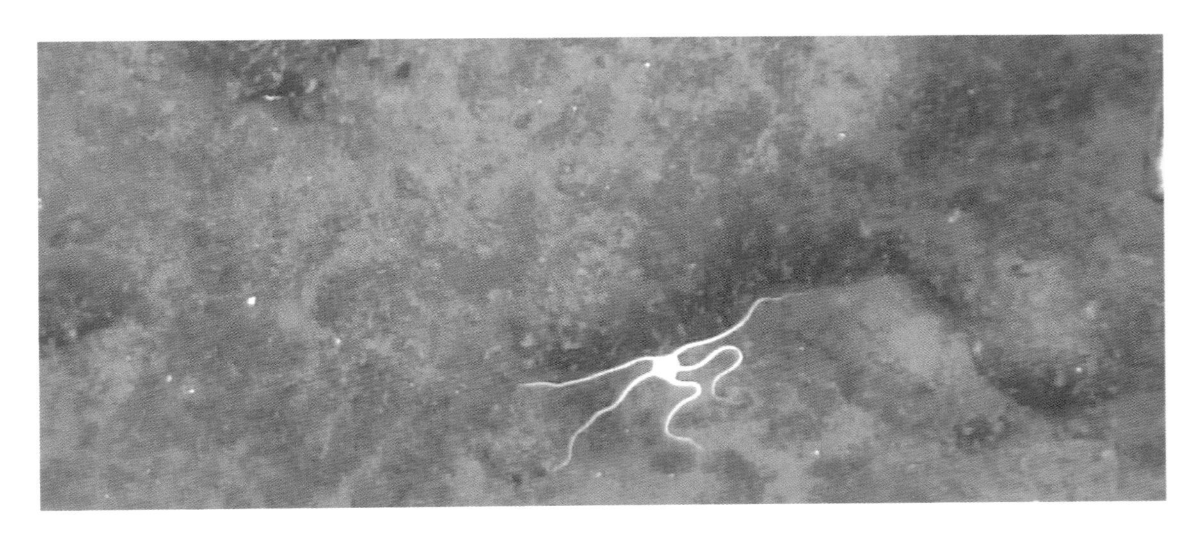

155. 真蛇尾目未定种 5 Ophiurida sp. 5

分类学地位

真蛇尾目 Order Ophiurida Müller & Troschel, 1840 sensu O'Hara et al., 2017

采集地 菲律宾海中央裂谷带

深度 7009 m

156. 棘蛇尾目未定种 Ophiacanthida sp.

分类学地位

棘蛇尾目 Order Ophiacanthida O'Hara, Hugall, Thuy, Stöhr & Martynov, 2017

采集地 马里亚纳岛弧区

深度 2600 m

157. 蛇尾纲未定种 Ophiuroidea sp.

分类学地位

蛇尾纲 Class Ophiuroidea Gray, 1840

采集地 马里亚纳岛弧区

深度 2420 m

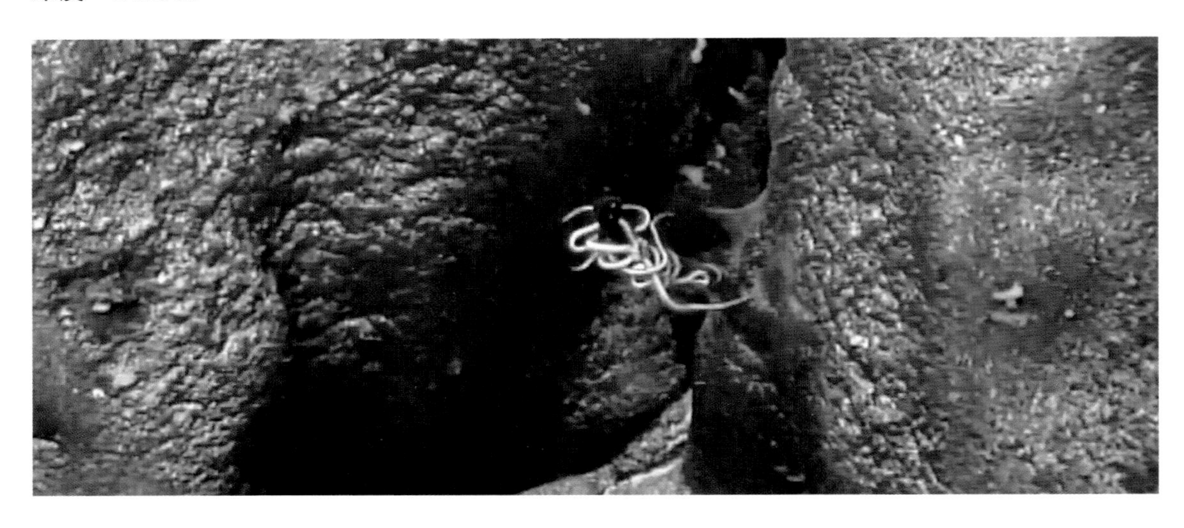

海胆纲 Class Echinoidea Leske, 1778

158. 皇冠海胆科未定种 Arbaciidae sp.

分类学地位

皇冠海胆目 Order Arbacioida Gregory, 1900

皇冠海胆科 Family cf. Arbaciidae Gray, 1855

采集地 马里亚纳岛弧区

深度 3399 m

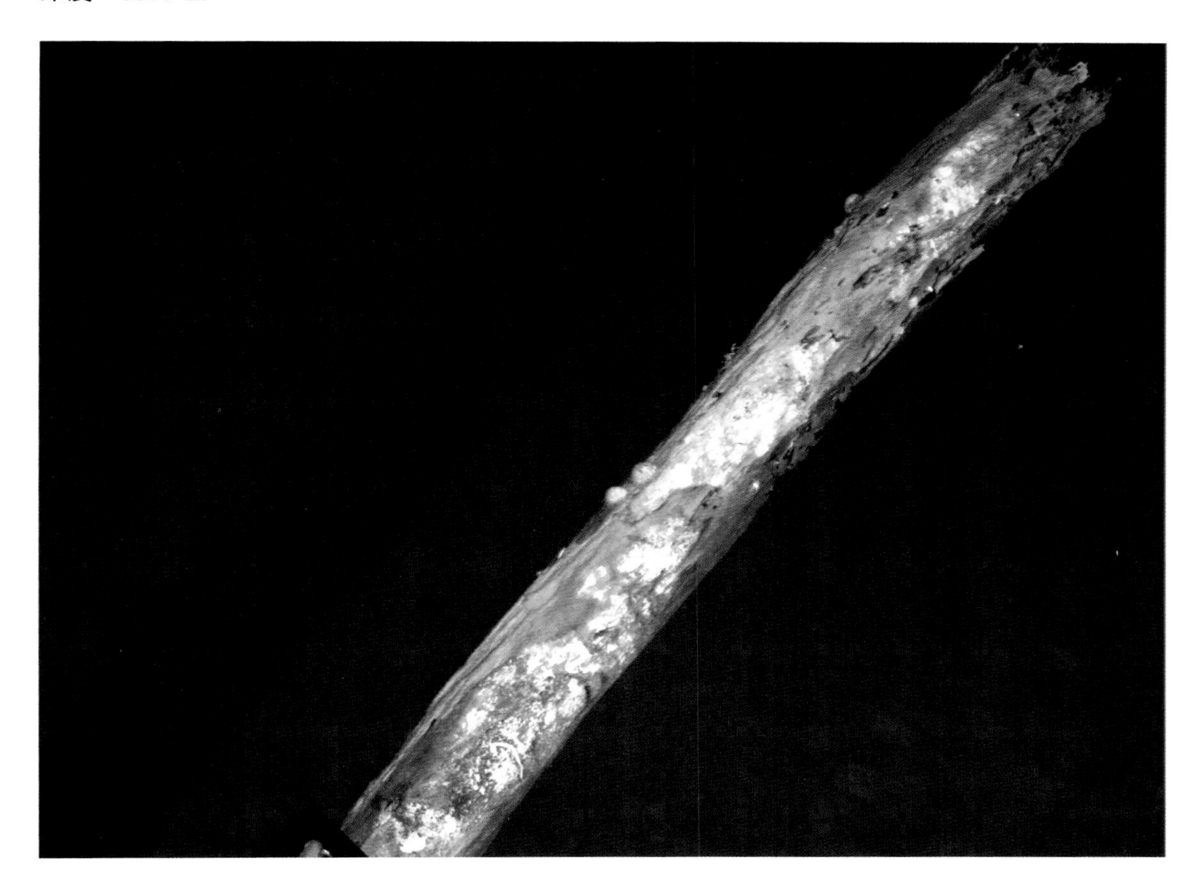

159. 兜帽海胆科未定种 1 Calymnidae sp. 1

分类学地位

全星海胆目 Order Holasteroida Durham & Melville, 1957

兜帽海胆科 Family cf. Calymnidae Mortensen, 1907

采集地 马里亚纳岛弧区

深度 3756 m

160. 兜帽海胆科未定种 2 Calymnidae sp. 2

分类学地位

全星海胆目 Order Holasteroida Durham & Melville, 1957

兜帽海胆科 Family cf. Calymnidae Mortensen, 1907

采集地 马里亚纳岛弧

深度 3758 m

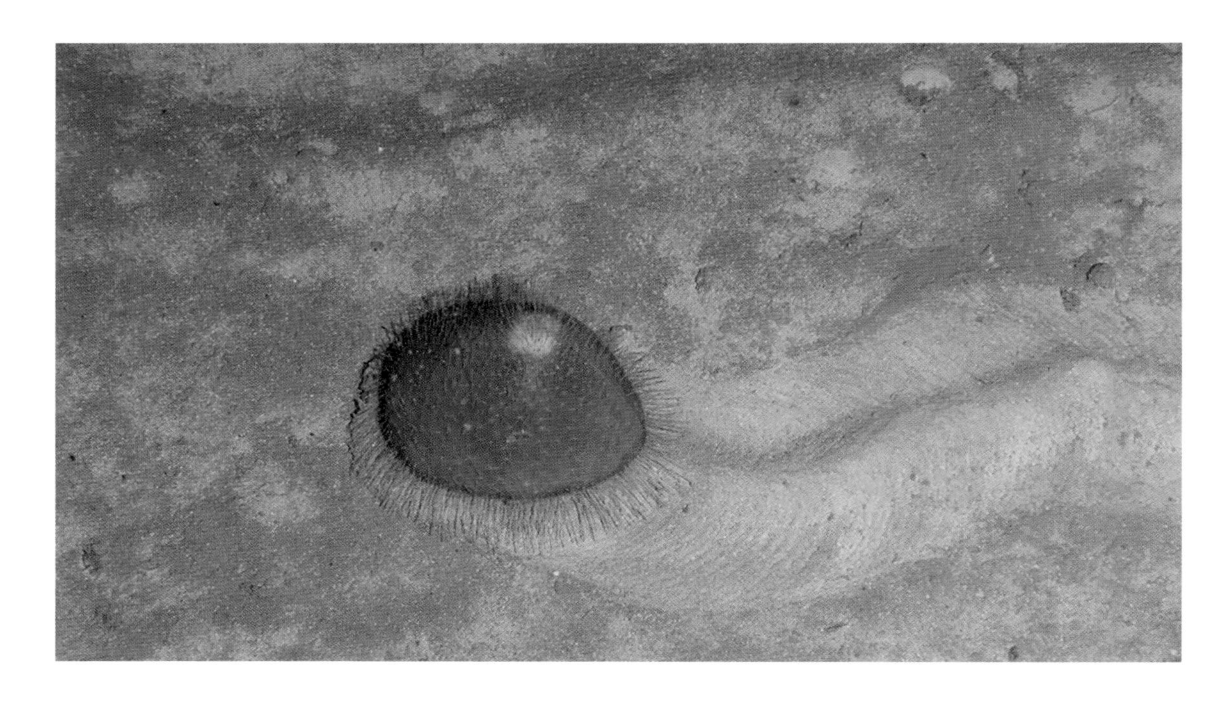

161. 兜帽海胆科未定种 3 Calymnidae sp. 3

分类学地位

全星海胆目 Order Holasteroida Durham & Melville, 1957

兜帽海胆科 Family cf. Calymnidae Mortensen, 1907

采集地 马里亚纳岛弧区

深度 3000 m

162. 兜帽海胆科未定种 4 Calymnidae sp. 4

分类学地位

全星海胆目 Order Holasteroida Durham & Melville, 1957

兜帽海胆科 Family cf. Calymnidae Mortensen, 1907

采集地 马里亚纳岛弧区

深度 3489 m

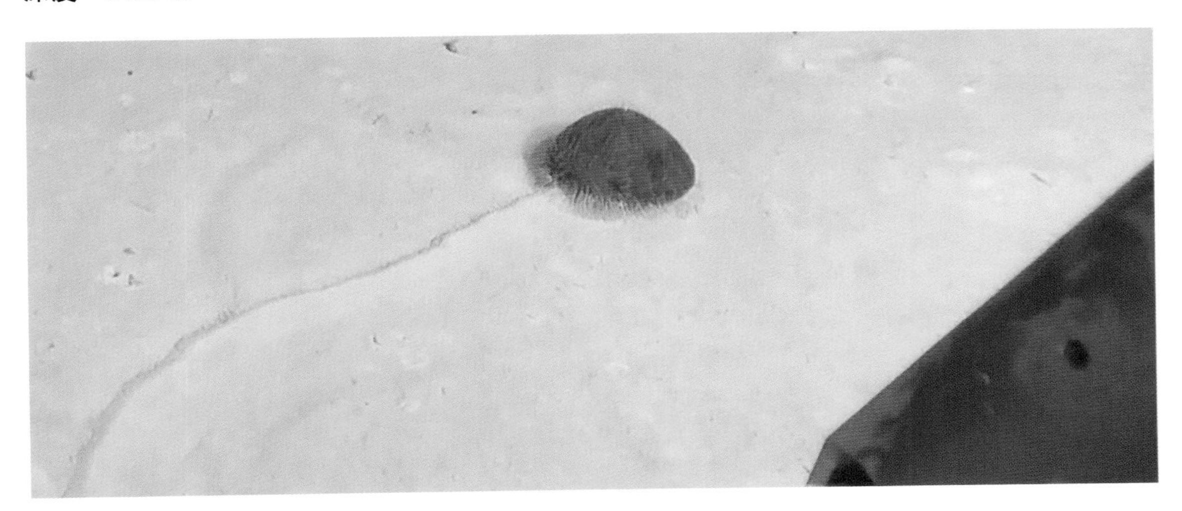

163. 兜帽海胆科未定种 5 Calymnidae sp. 5

分类学地位

全星海胆目 Order Holasteroida Durham & Melville, 1957

兜帽海胆科 Family cf. Calymnidae Mortensen, 1907

采集地 马里亚纳岛弧区

深度 3419 m

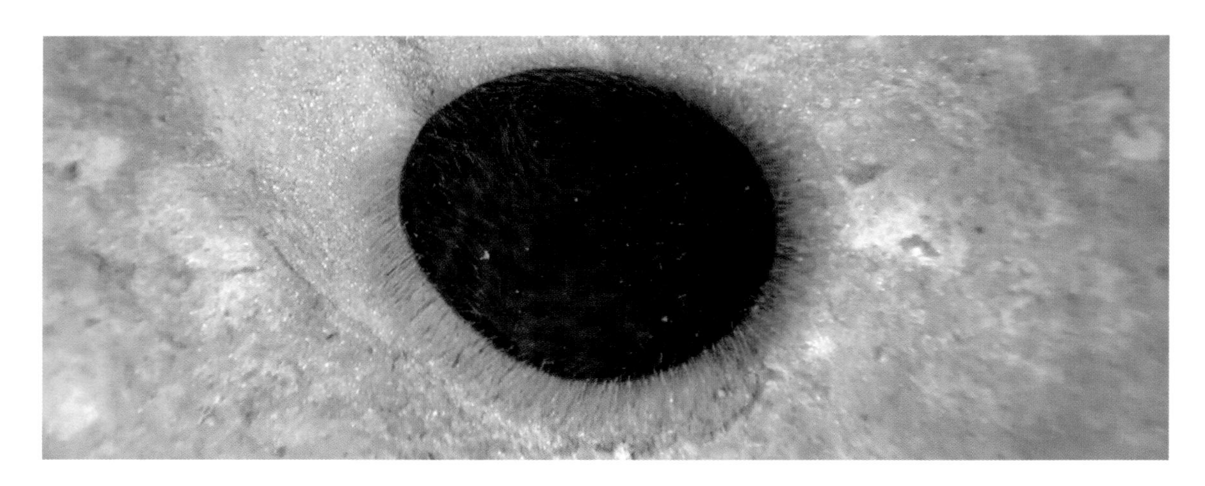

164. 兜帽海胆科未定种 6 Calymnidae sp. 6

分类学地位

全星海胆目 Order Holasteroida Durham & Melville, 1957

兜帽海胆科 Family cf. Calymnidae Mortensen, 1907

采集地 马里亚纳海沟-雅浦海沟连接区

深度 3125 m

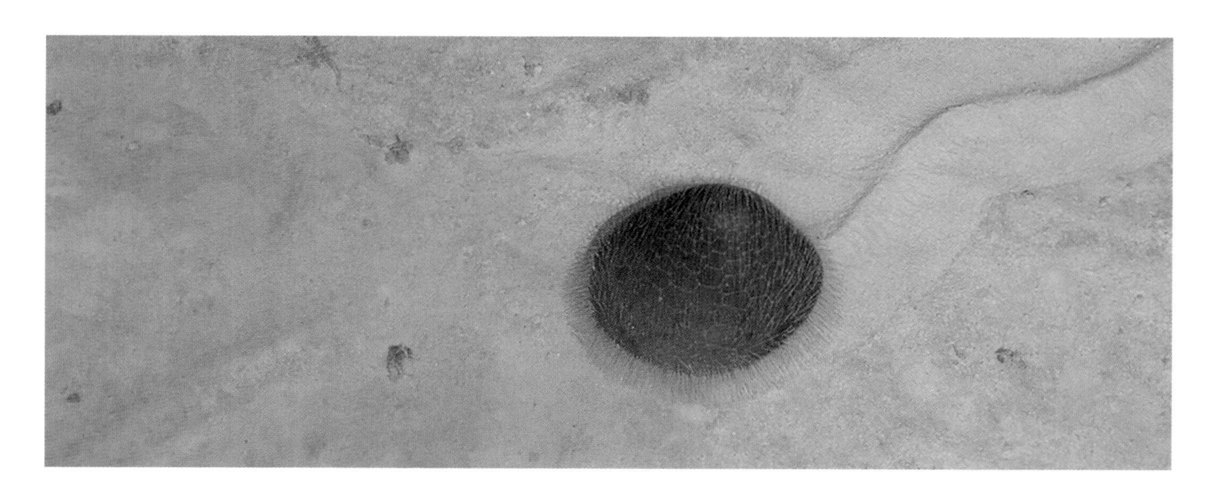

165. 兜海胆属未定种 1 *Sperosoma* sp. 1

分类学地位

柔海胆目 Order Echinothurioida Claus, 1880

柔海胆科 Family Echinothuriidae Thomson, 1872

兜海胆属 Genus *Sperosoma* Koehler,1897

采集地 马里亚纳岛弧区

深度 3102 m

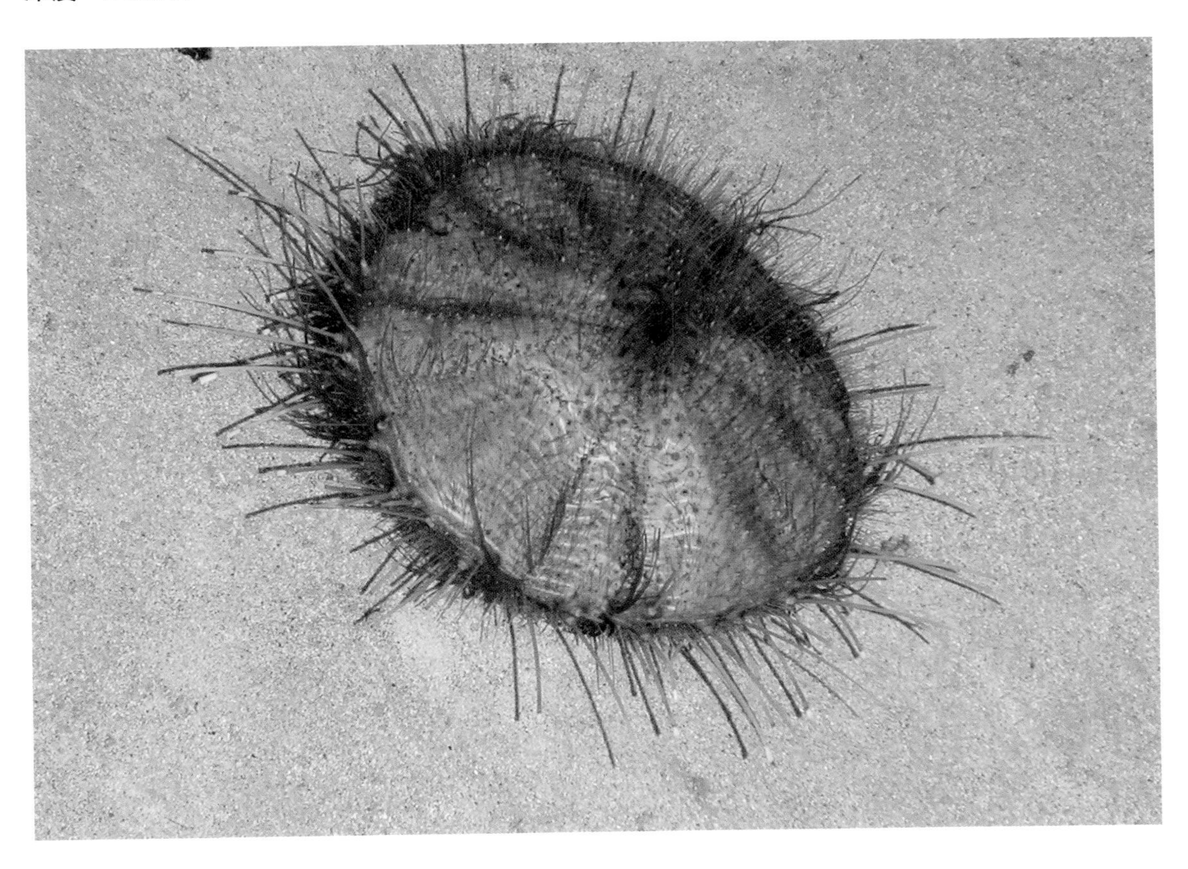

166. 兜海胆属未定种 2 *Sperosoma* sp. 2

分类学地位

柔海胆目 Order Echinothurioida Claus, 1880

柔海胆科 Family Echinothuriidae Thomson, 1872

兜海胆属 Genus *Sperosoma* Koehler,1897

采集地 马里亚纳岛弧区

深度 2898 m

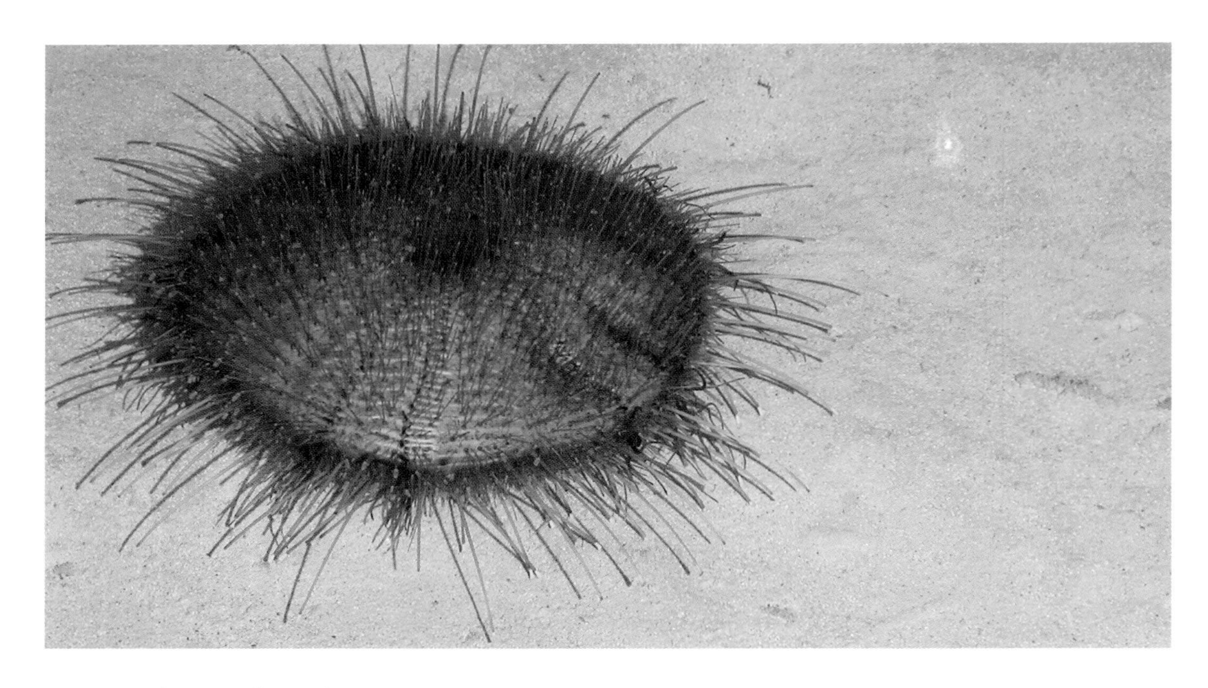

167. 革海胆属未定种 1 *Hygrosoma* sp. 1

分类学地位

柔海胆目 Order Echinothurioida Claus, 1880

柔海胆科 Family Echinothuriidae Thomson, 1872

革海胆属 Genus *Hygrosoma* Mortensen, 1903

采集地 马里亚纳岛弧区

深度 2600 m

168. 革海胆属未定种 2 *Hygrosoma* sp. 2

分类学地位

柔海胆目 Order Echinothurioida Claus, 1880

柔海胆科 Family Echinothuriidae Thomson, 1872

革海胆属 Genus *Hygrosoma* Mortensen, 1903

采集地 马里亚纳岛弧区

深度 1300～2593 m

169. 海胆纲未定种 Echinoidea sp.

分类学地位

海胆纲 Class Echinoidea Leske, 1778

采集地 马里亚纳岛弧区

深度 3754 m

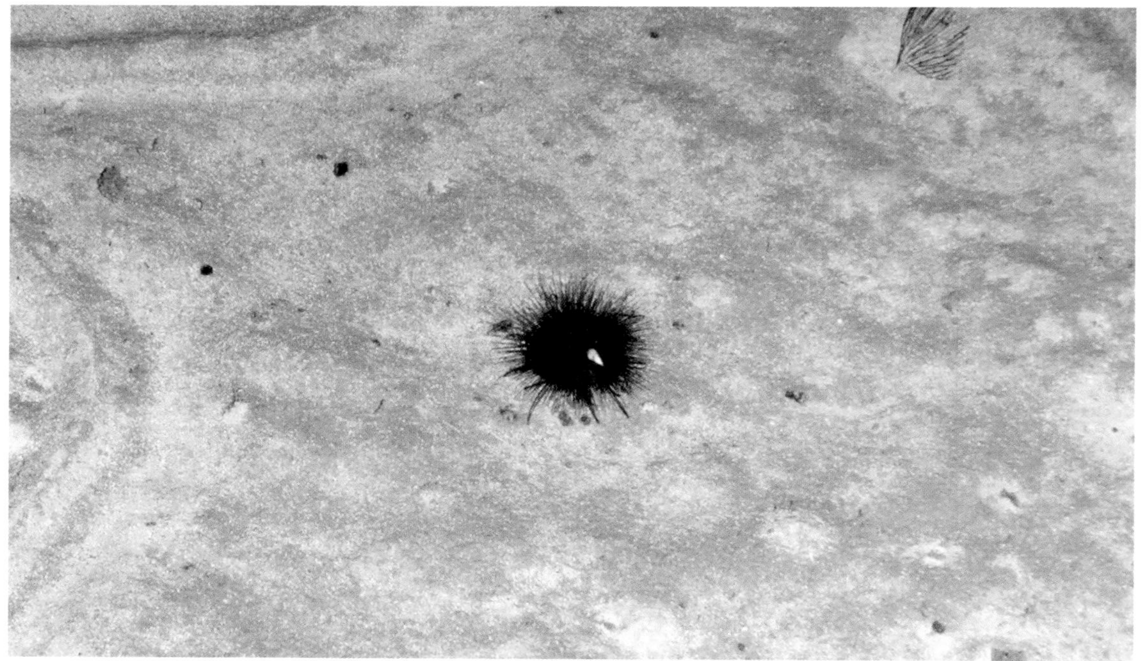

海参纲 Class Holothuroidea de Blainville, 1834

170. 汉森海参属未定种 1 *Hansenothuria* sp. 1

分类学地位

桃参目 Order Persiculida Miller, Kerr, Paulay, Reich, Wilson, Carvajal & Rouse, 2017

科地位未定 Family *incertae sedis*

汉森海参属 Genus *Hansenothuria* Miller & Pawson, 1989

采集地 雅浦海沟

深度 4430～4950 m

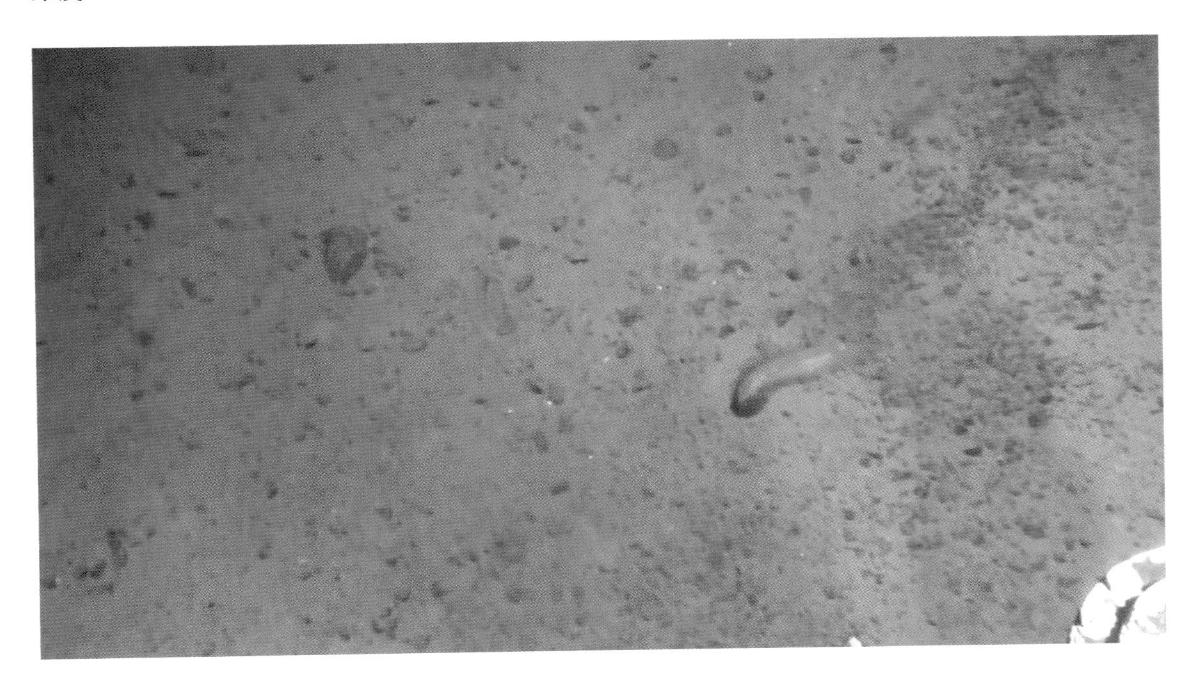

171. 汉森海参属未定种 2 *Hansenothuria* sp. 2

分类学地位

桃参目 Order Persiculida Miller, Kerr, Paulay, Reich, Wilson, Carvajal & Rouse, 2017

科地位未定 Family *incertae sedis*

汉森海参属 Genus *Hansenothuria* Miller & Pawson, 1989

采集地 马里亚纳岛弧区

深度 2500～2700 m

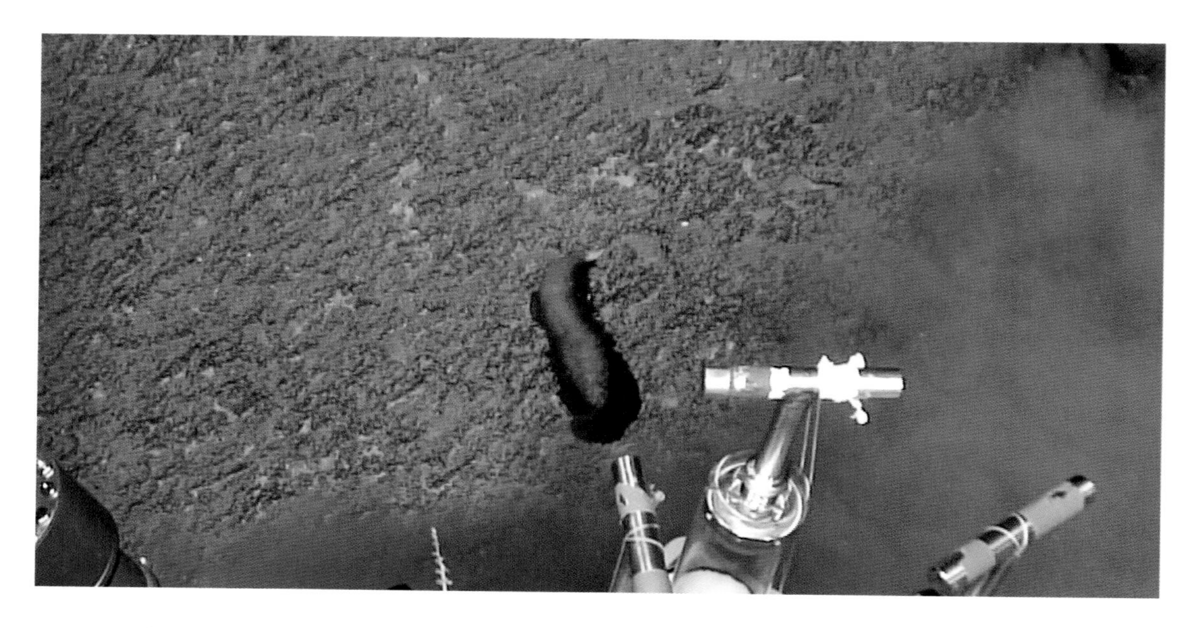

172. 汉森海参属未定种 3 *Hansenothuria* sp. 3

分类学地位

桃参目 Order Persiculida Miller, Kerr, Paulay, Reich, Wilson, Carvajal & Rouse, 2017

科地位未定 Family *incertae sedis*

汉森海参属 Genus *Hansenothuria* Miller & Pawson, 1989

采集地 马里亚纳岛弧区

深度 2084 m

173. 汉森海参属未定种 4 *Hansenothuria* sp. 4

分类学地位

桃参目 Order Persiculida Miller, Kerr, Paulay, Reich, Wilson, Carvajal & Rouse, 2017

科地位未定 Family *incertae sedis*

汉森海参属 Genus *Hansenothuria* Miller & Pawson, 1989

采集地 雅浦海沟

深度 6630 m

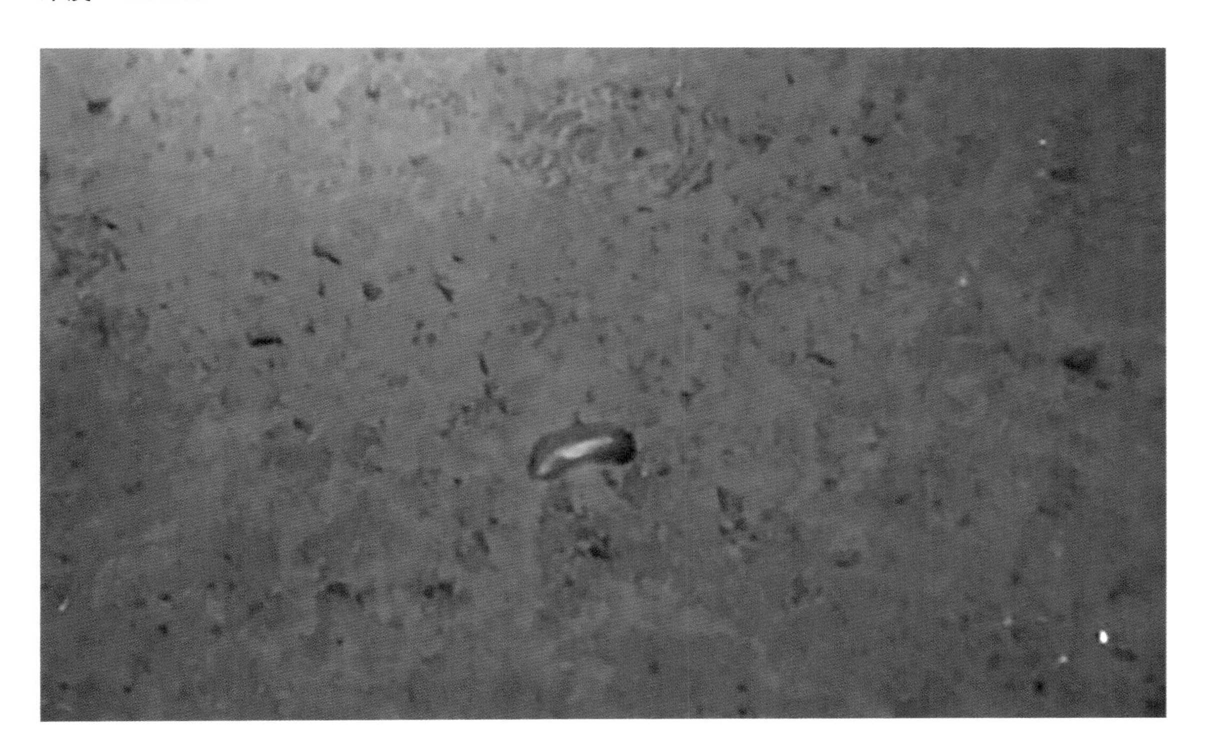

174. 深水参属未定种 *Benthothuria* sp.

分类学地位

桃参目 Order Persiculida Miller, Kerr, Paulay, Reich, Wilson, Carvajal & Rouse, 2017

科地位未定 Family *incertae sedis*

深水参属 Genus *Benthothuria* Perrier R., 1898

采集地 马里亚纳海沟

深度 4740 m

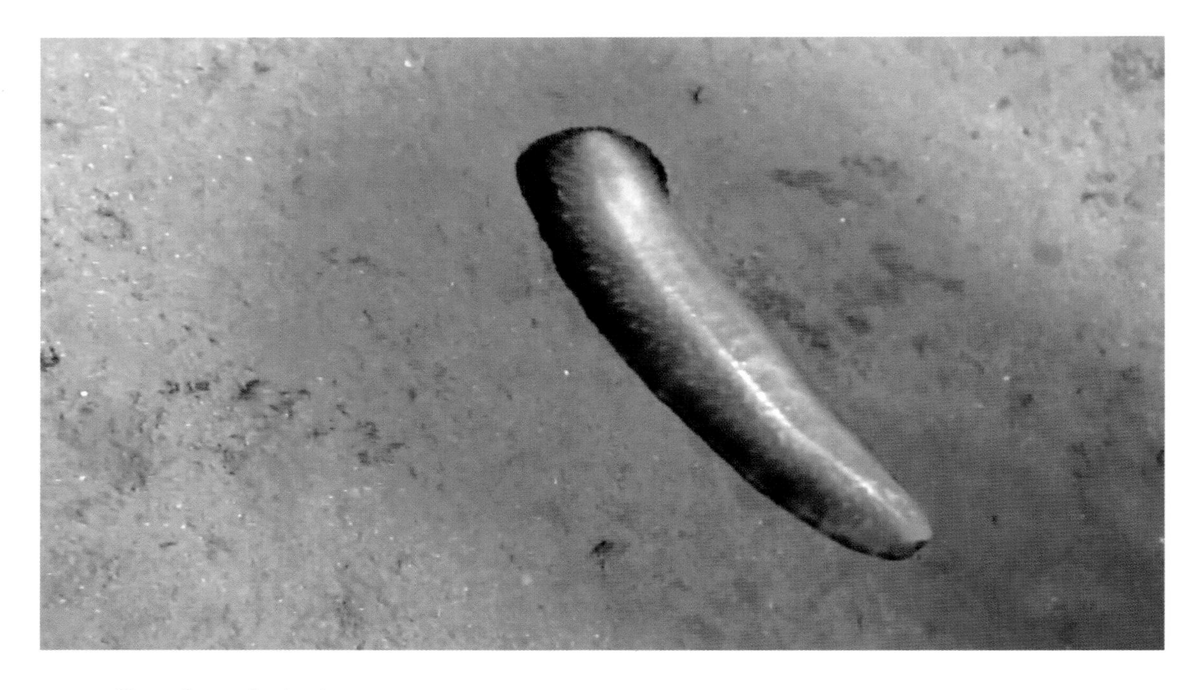

175. 芋形参属未定种 *Molpadiodemas* sp.

分类学地位

桃参目 Order Persiculida Miller, Kerr, Paulay, Reich, Wilson, Carvajal & Rouse, 2017

芋形参科 Family Molpadiodemidae Miller, Kerr, Paulay, Reich, Wilson, Carvajal & Rouse, 2017

芋形参属 Genus *Molpadiodemas* Heding, 1935

采集地 菲律宾海中央裂谷带

深度 6237 m

176. 羽参属未定种 *Paroriza* sp.

分类学地位

桃参目Order Persiculida Miller, Kerr, Paulay, Reich, Wilson, Carvajal & Rouse, 2017

桥参科 Family Gephyrothuriidae Koehler & Vaney, 1905

羽参属 Genus *Paroriza* Hérouard, 1902

采集地 马里亚纳岛弧区

深度 3156 m

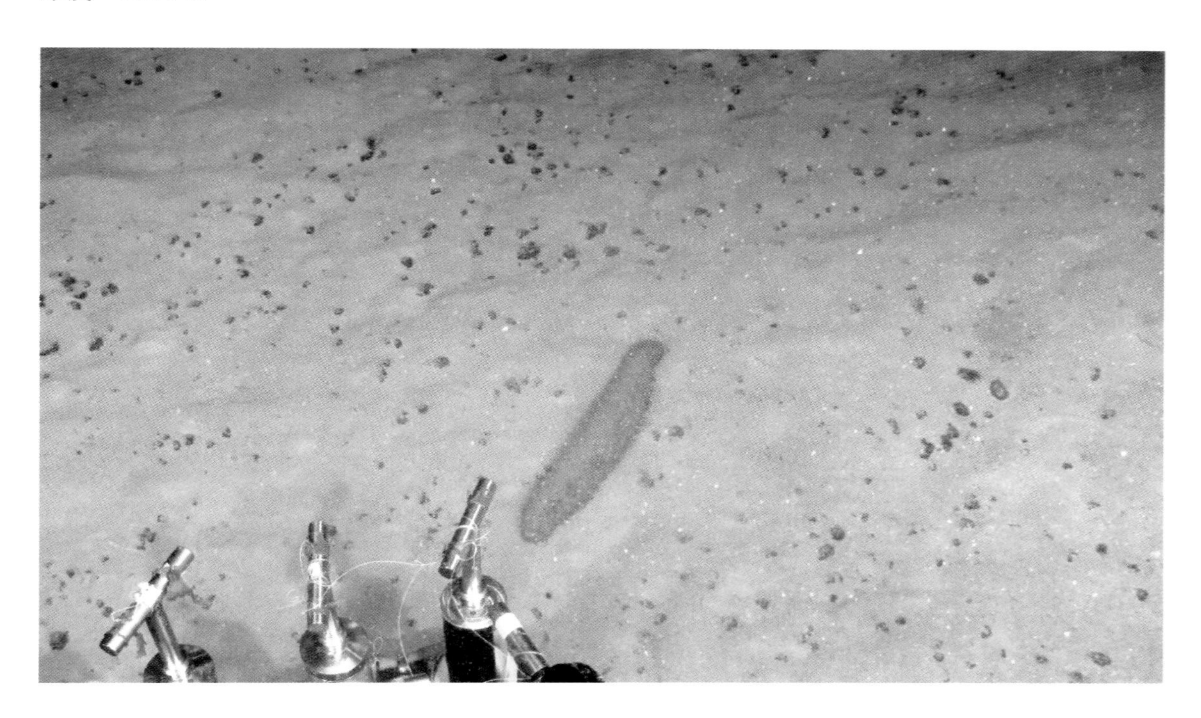

177. 拟刺参属未定种 *Pseudostichopus* sp.

分类学地位

桃参目 Order Persiculida Miller, Kerr, Paulay, Reich, Wilson, Carvajal & Rouse, 2017

拟刺参科 Family Pseudostichopodidae Miller Kerr, Paulay, Reich, Wilson, Carvajal & Rouse, 2017

拟刺参属 Genus *Pseudostichopus* Théel, 1886

采集地 马里亚纳岛弧区

深度 3247 m

178. 辛那参目未定种 1 Synallactida sp. 1

分类学地位

辛那参目 Order Synallactida Miller, Kerr, Paulay, Reich, Wilson, Carvajal & Rouse, 2017

采集地 雅浦海沟

深度 5090 m

179. 辛那参目未定种 2 Synallactida sp. 2

分类学地位

辛那参目 Order Synallactida Miller, Kerr, Paulay, Reich, Wilson, Carvajal & Rouse, 2017

采集地 马里亚纳岛弧区

深度 3000 m

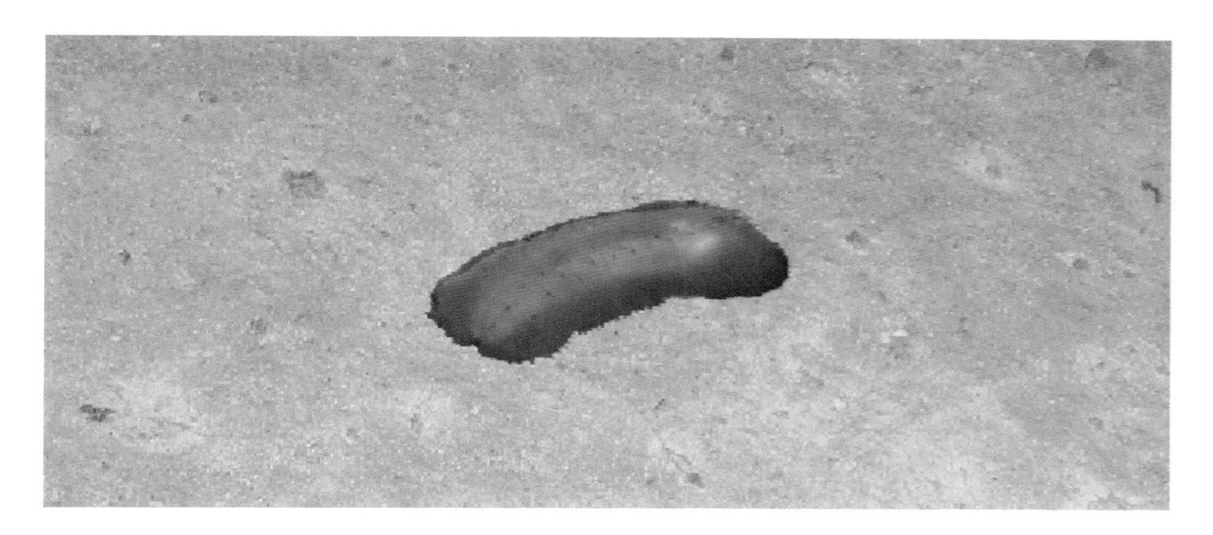

180. 辛那参目未定种 3 Synallactida sp. 3

分类学地位

辛那参目 Order Synallactida Miller, Kerr, Paulay, Reich, Wilson, Carvajal & Rouse, 2017

采集地 雅浦海沟

深度 5000 m

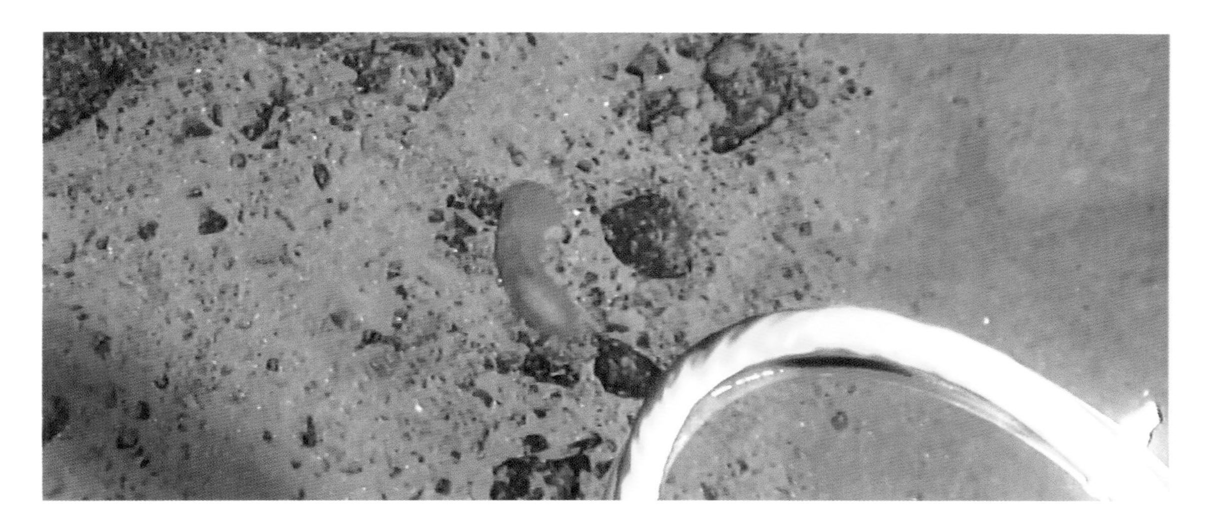

181. 辛那参目未定种 4 Synallactida sp. 4

分类学地位

辛那参目 Order Synallactida Miller, Kerr, Paulay, Reich, Wilson, Carvajal & Rouse, 2017

采集地 雅浦海沟

深度 4430～4950 m

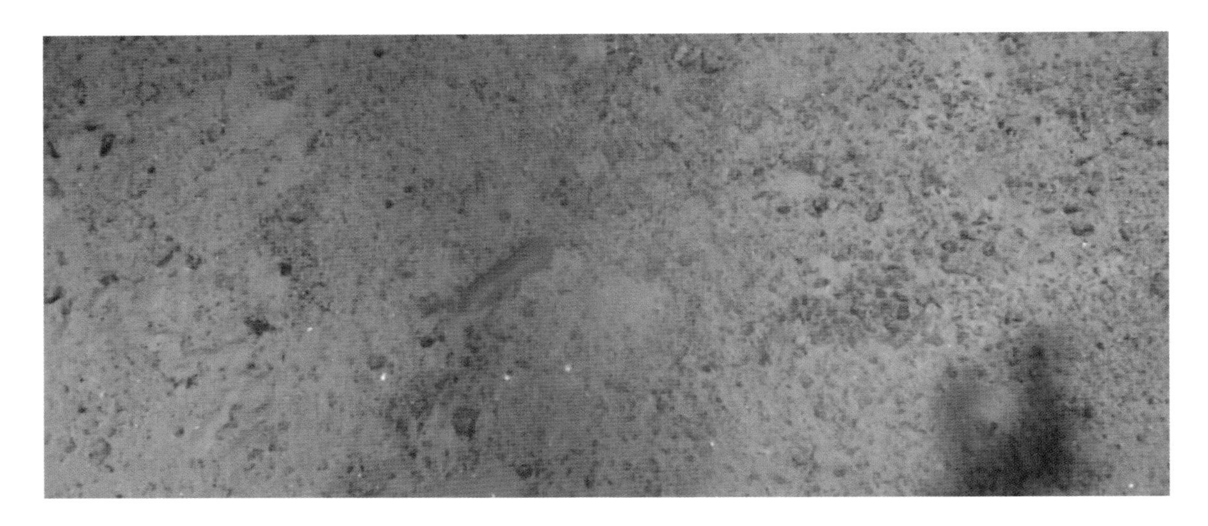

182. 辛那参目未定种 5 Synallactida sp. 5

分类学地位

辛那参目 Order Synallactida Miller, Kerr, Paulay, Reich, Wilson, Carvajal & Rouse, 2017

采集地 雅浦海沟

深度 4430～4950 m

183. 辛那参科未定种 1 Synallactidae sp. 1

分类学地位

辛那参目 Order Synallactida Miller, Kerr, Paulay, Reich, Wilson, Carvajal & Rouse, 2017

辛那参科 Family Synallactidae Ludwig, 1894

采集地 帕里西维拉海盆

深度 6086 m

184. 辛那参科未定种 2 Synallactidae sp. 2

分类学地位

辛那参目 Order Synallactida Miller, Kerr, Paulay, Reich, Wilson, Carvajal & Rouse, 2017

辛那参科 Family Synallactidae Ludwig, 1894

采集地 帕里西维拉海盆

深度 6093 m

185. 辛那参科未定种 3 Synallactidae sp. 3

分类学地位

辛那参目 Order Synallactida Miller, Kerr, Paulay, Reich, Wilson, Carvajal & Rouse, 2017

辛那参科 Family Synallactidae Ludwig, 1894

采集地 雅浦弧前区

深度 3338 m

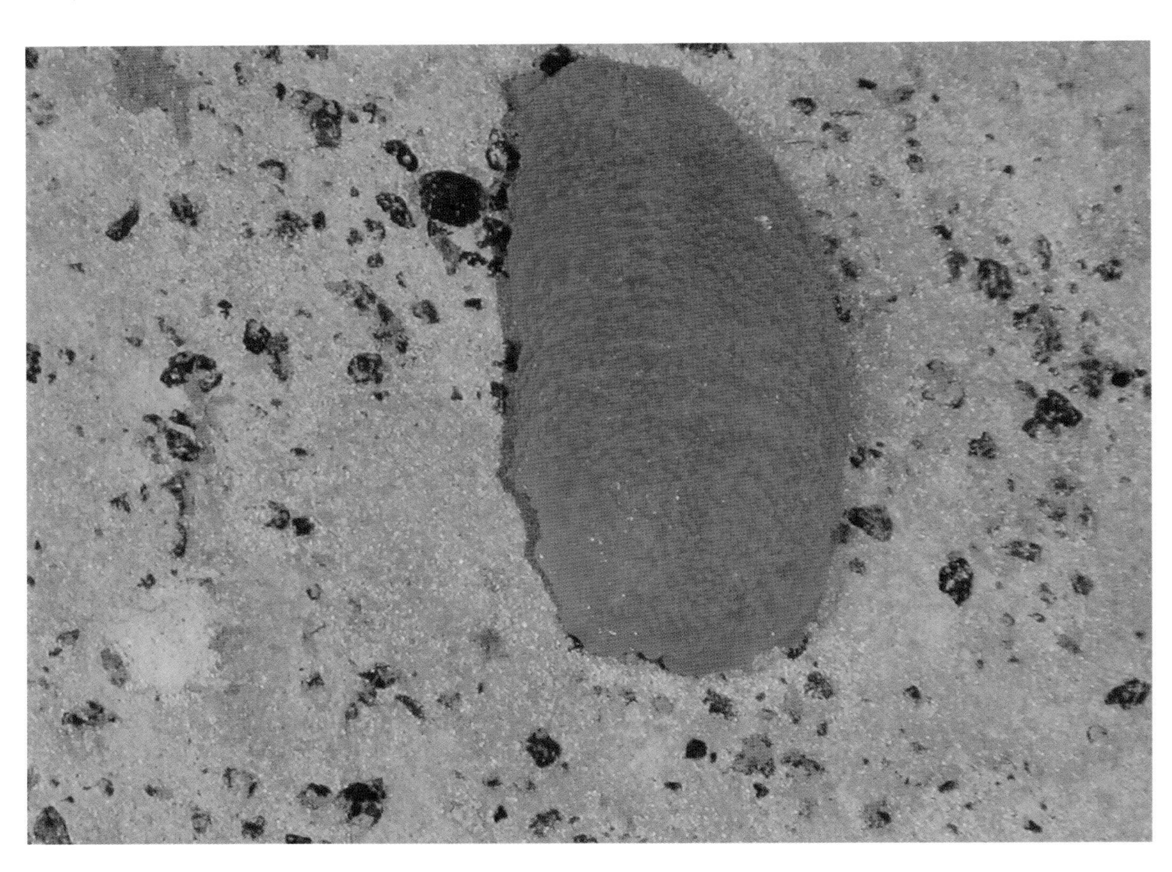

186. 辛那参科未定种 4 Synallactidae sp. 4

分类学地位

辛那参目 Order Synallactida Miller, Kerr, Paulay, Reich, Wilson, Carvajal & Rouse, 2017

辛那参科 Family Synallactidae Ludwig, 1894

采集地 雅浦弧前区

深度 3391 m

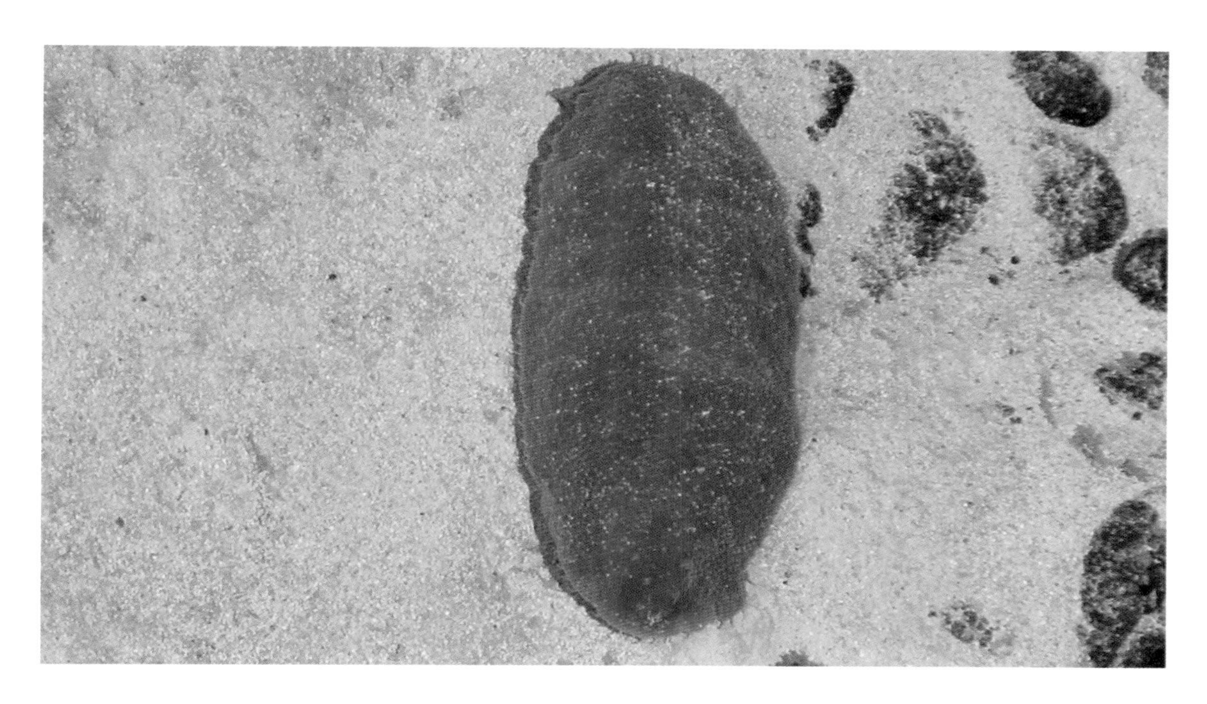

187. 辛那参科未定种 5 Synallactidae sp. 5

分类学地位

辛那参目 Order Synallactida Miller, Kerr, Paulay, Reich, Wilson, Carvajal & Rouse, 2017

辛那参科 Family Synallactidae Ludwig, 1894

采集地 马里亚纳海沟-雅浦海沟连接区

深度 3249 m

188. 辛那参科未定种 6 Synallactidae sp. 6

分类学地位

辛那参目 Order Synallactida Miller, Kerr, Paulay, Reich, Wilson, Carvajal & Rouse, 2017

辛那参科 Family Synallactidae Ludwig, 1894

采集地 雅浦弧前区

深度 3570 m

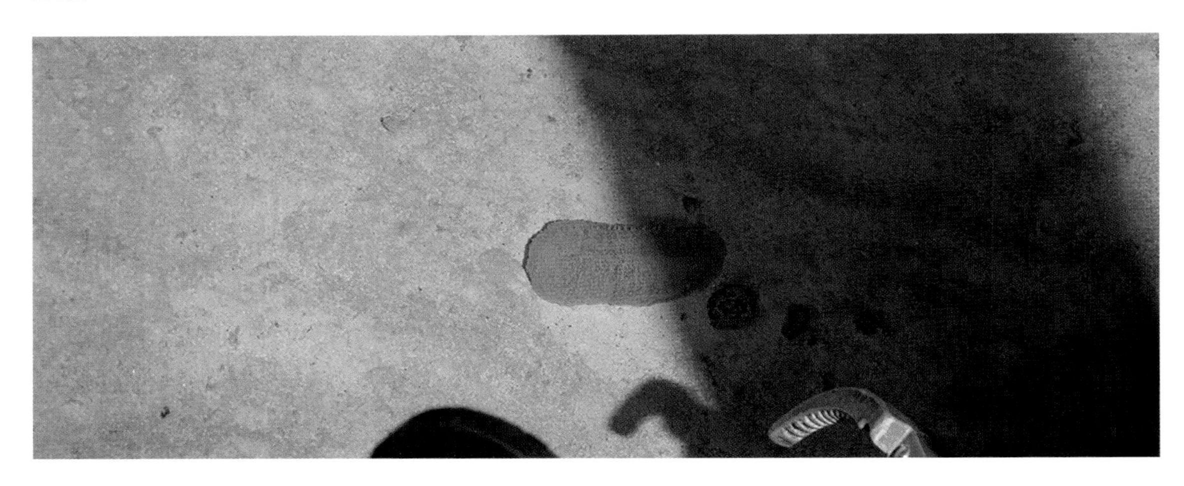

189. 辛那参科未定种 7 Synallactidae sp. 7

分类学地位

辛那参目 Order Synallactida Miller, Kerr, Paulay, Reich, Wilson, Carvajal & Rouse, 2017

辛那参科 Family Synallactidae Ludwig, 1894

采集地 雅浦弧前区

深度 3451 m

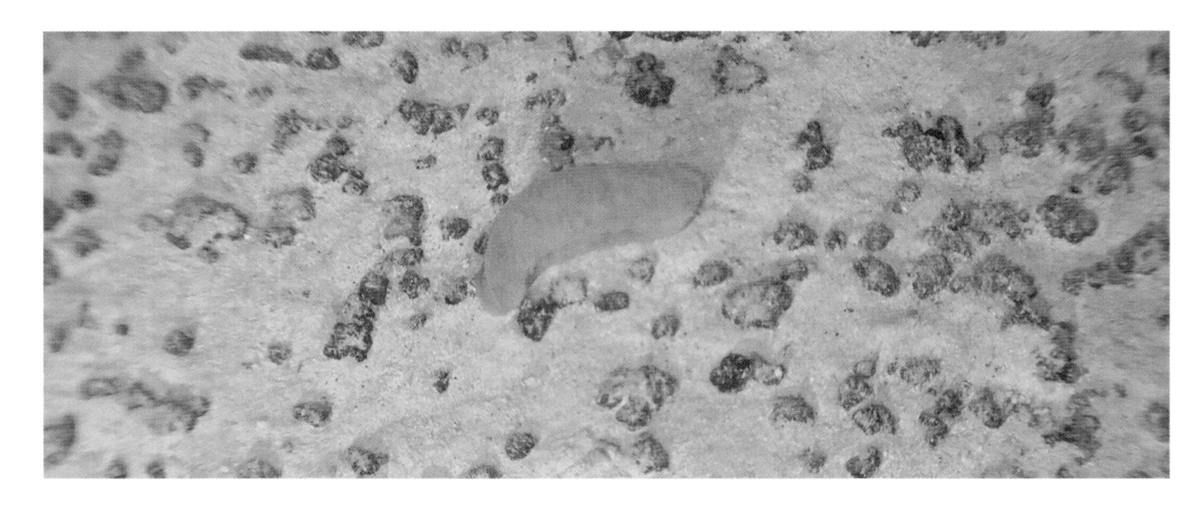

190. 渊游参属未定种 *Bathyplotes* sp.

分类学地位

辛那参目 Order Synallactida Miller, Kerr, Paulay, Reich, Wilson, Carvajal & Rouse, 2017

辛那参科 Family Synallactidae Ludwig, 1894

渊游参属 Genus *Bathyplotes* Östergren, 1896

采集地 雅浦弧前区

深度 3338 m

191. 幽灵参属未定种 *Deima* sp.

分类学地位

辛那参目 Order Synallactida Miller, Kerr, Paulay, Reich, Wilson, Carvajal & Rouse, 2017

幽灵参科 Family Deimatidae Théel, 1882

幽灵参属 Genus *Deima* Théel, 1879

采集地 马里亚纳岛弧区

深度 3465 m

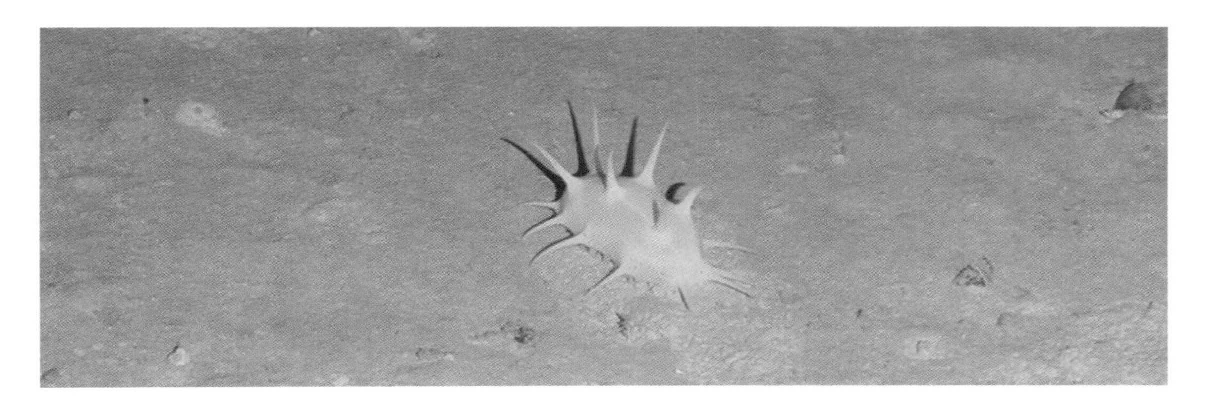

192. 平泥参属/深水参属未定种 1 *Paelopatides*/*Benthothuria* sp. 1

分类学地位

辛那参目/桃参目 Order Synallactida/Persiculida Miller, Kerr, Paulay, Reich, Wilson, Carvajal & Rouse, 2017

辛那参科/科地位未定 Family Synallactidae Ludwig, 1894/ *incertae sedis*

平泥参属/深水参属 Genus *Paelopatides* Théel, 1886 /*Benthothuria* Perrier R., 1898

采集地 帕里西维拉海盆

深度 6459～6583 m

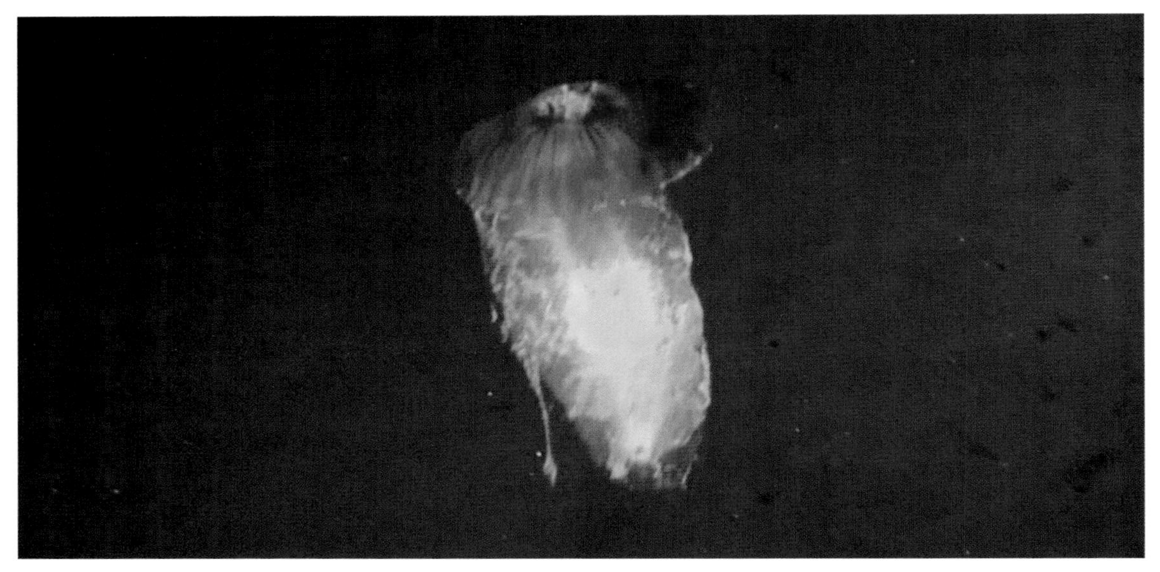

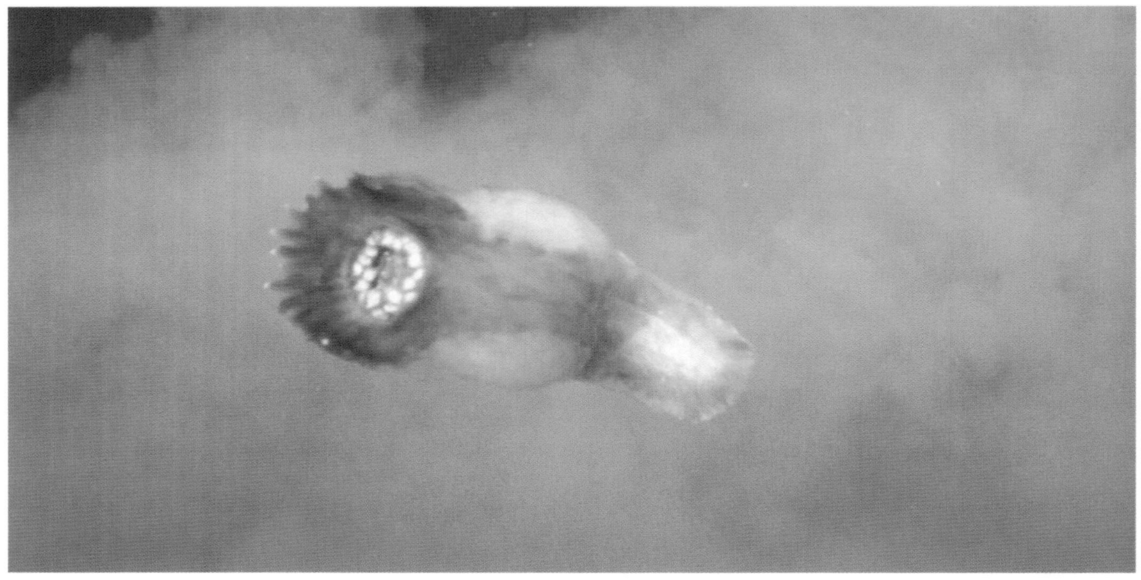

193. 平泥参属/深水参属未定种 2 *Paelopatides*/*Benthothuria* sp. 2

分类学地位

辛那参目/桃参目 Order Synallactida/Persiculida Miller, Kerr, Paulay, Reich, Wilson, Carvajal & Rouse, 2017

辛那参科/科地位未定 Family Synallactidae Ludwig, 1894/ *incertae sedis*

平泥参属/深水参属 Genus *Paelopatides* Théel, 1886 /*Benthothuria* Perrier R., 1898

采集地 帕里西维拉海盆

深度 5115 m

194. 平泥参属/深水参属未定种 3 *Paelopatides*/*Benthothuria* sp. 3

分类学地位

辛那参目/桃参目 Order Synallactida/Persiculida Miller, Kerr, Paulay, Reich, Wilson, Carvajal & Rouse, 2017

辛那参科/科地位未定 Family Synallactidae Ludwig, 1894/ *incertae sedis*

平泥参属/深水参属 Genus *Paelopatides* Théel, 1886/*Benthothuria* Perrier R., 1898

采集地 雅浦海沟

深度 6670 m

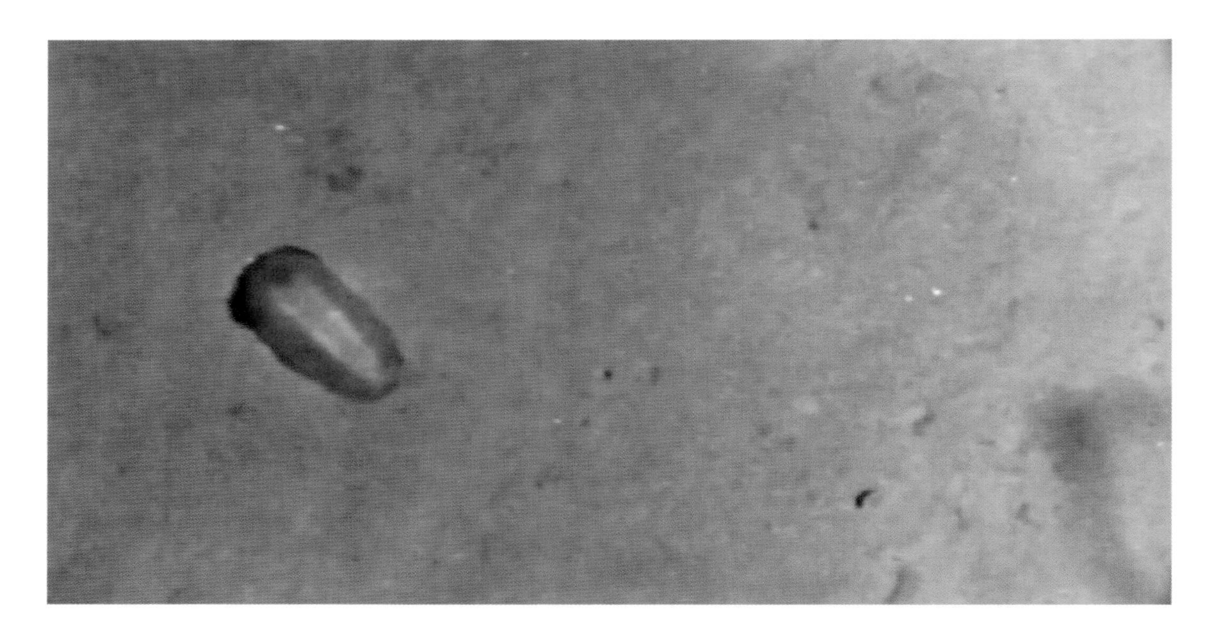

195. 平泥参属/深水参属未定种 4 *Paelopatides*/*Benthothuria* sp. 4

分类学地位

辛那参目/桃参目 Order Synallactida/Persiculida Miller, Kerr, Paulay, Reich, Wilson, Carvajal & Rouse, 2017

辛那参科/科地位未定 Family Synallactidae Ludwig, 1894/ *incertae sedis*

平泥参属/深水参属 Genus *Paelopatides* Théel, 1886/*Benthothuria* Perrier R., 1898

采集地 马里亚纳海沟

深度 6500 m

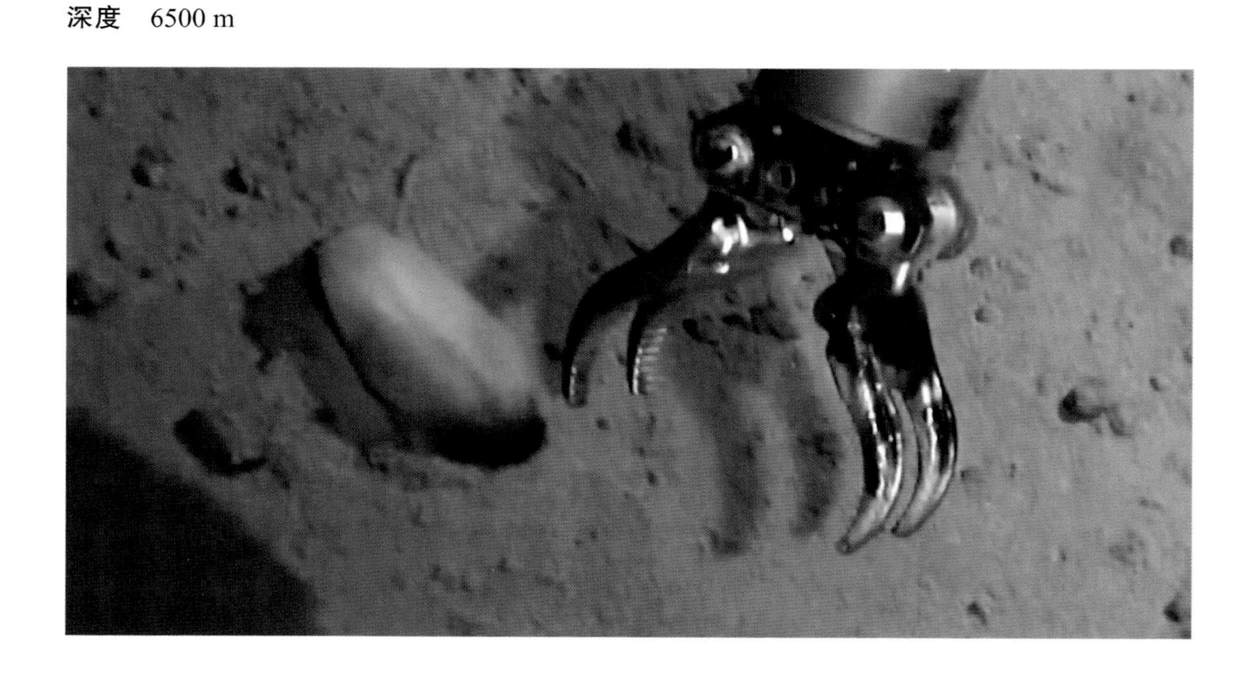

196. 平泥参属/深水参属未定种 5 *Paelopatides*/*Benthothuria* sp. 5

分类学地位

辛那参目/桃参目 Order Synallactida/Persiculida Miller, Kerr, Paulay, Reich, Wilson, Carvajal & Rouse, 2017

辛那参科/科地位未定 Family Synallactidae Ludwig, 1894/ *incertae sedis*

平泥参属/深水参属 Genus *Paelopatides* Théel, 1886/*Benthothuria* Perrier R., 1898

采集地 雅浦海沟

深度 6030～6350 m

197. 平泥参属/深水参属未定种 6 *Paelopatides*/*Benthothuria* sp. 6

分类学地位

辛那参目/桃参目 Order Synallactida/Persiculida Miller, Kerr, Paulay, Reich, Wilson, Carvajal & Rouse, 2017

辛那参科/科地位未定 Family Synallactidae Ludwig, 1894/ *incertae sedis*

平泥参属/深水参属 Genus *Paelopatides* Théel, 1886/*Benthothuria* Perrier R., 1898

采集地 马里亚纳海沟

深度 6928～7569 m

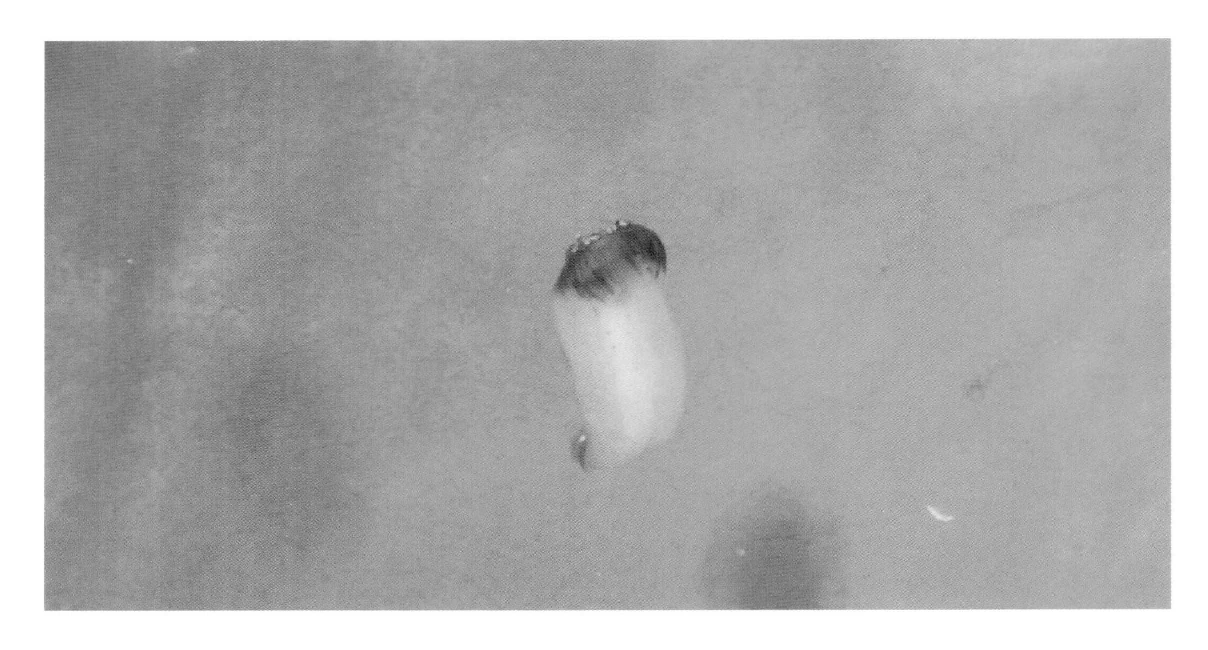

198. 平泥参属/深水参属未定种 7 *Paelopatides*/*Benthothuria* sp. 7

分类学地位

辛那参目/桃参目 Order Synallactida/Persiculida Miller, Kerr, Paulay, Reich, Wilson, Carvajal & Rouse, 2017

辛那参科/科地位未定 Family Synallactidae Ludwig, 1894/ *incertae sedis*

平泥参属/深水参属 Genus *Paelopatides* Théel, 1886/*Benthothuria* Perrier R., 1898

采集地 马里亚纳岛弧区

深度 2475 m

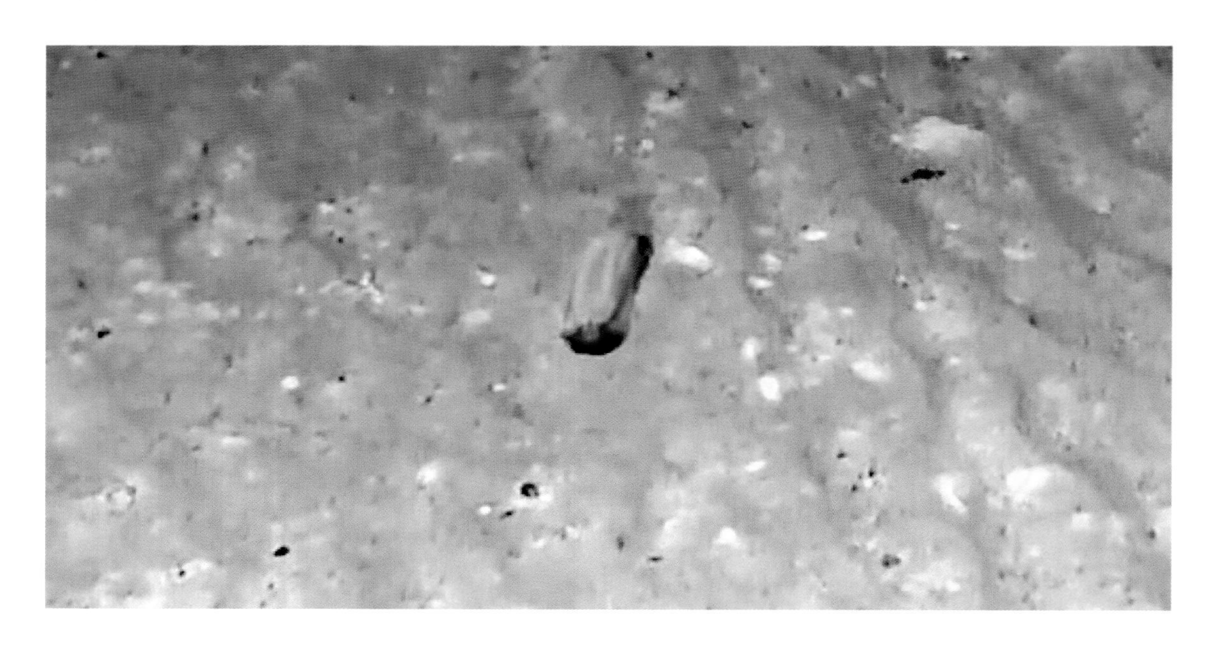

199. 平泥参属/深水参属未定种 8 *Paelopatides*/*Benthothuria* sp. 8

分类学地位

辛那参目/桃参目 Order Synallactida/Persiculida Miller, Kerr, Paulay, Reich, Wilson, Carvajal & Rouse, 2017

辛那参科/科地位未定 Family Synallactidae Ludwig, 1894/ *incertae sedis*

平泥参属/深水参属 Genus *Paelopatides* Théel, 1886/*Benthothuria* Perrier R., 1898

采集地 雅浦弧前区，马里亚纳岛弧区

深度 3533～3757 m

200. 平泥参属/深水参属未定种 9 *Paelopatides*/*Benthothuria* sp. 9

分类学地位

辛那参目/桃参目 Order Synallactida/Persiculida Miller, Kerr, Paulay, Reich, Wilson, Carvajal & Rouse, 2017

辛那参科/科地位未定 Family Synallactidae Ludwig, 1894/ *incertae sedis*

平泥参属/深水参属 Genus *Paelopatides* Théel, 1886/*Benthothuria* Perrier R., 1898

采集地 马里亚纳岛弧区

深度 3755 m

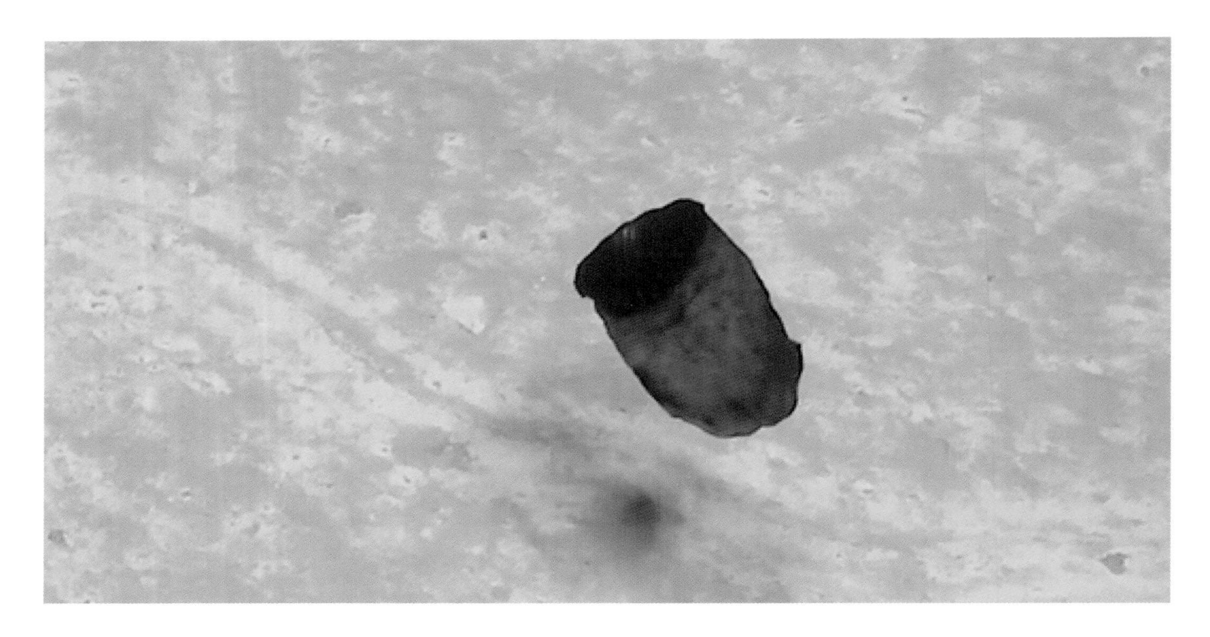

201. 平泥参属/深水参属未定种 10 *Paelopatides*/*Benthothuria* sp. 10

分类学地位

辛那参目/桃参目 Order Synallactida/Persiculida Miller, Kerr, Paulay, Reich, Wilson, Carvajal & Rouse, 2017

辛那参科/科地位未定 Family Synallactidae Ludwig, 1894/ *incertae sedis*

平泥参属/深水参属 Genus *Paelopatides* Théel, 1886/*Benthothuria* Perrier R., 1898

采集地 马里亚纳岛弧区

深度 3200 m

202. 游梦参属未定种 1 *Enypniastes* sp. 1

分类学地位

平足目 Order Elasipodida Théel, 1882

浮游海参科 Family Pelagothuriidae Ludwig, 1893

游梦参属 Genus *Enypniastes* Théel, 1882

采集地 菲律宾海中央裂谷带

深度 6193 m

203. 游梦参属未定种 2 *Enypniastes* sp. 2

分类学地位

平足目 Order Elasipodida Théel, 1882

浮游海参科 Family Pelagothuriidae Ludwig, 1893

游梦参属 Genus *Enypniastes* Théel, 1882

采集地 帕里西维拉海盆

深度 6456 m

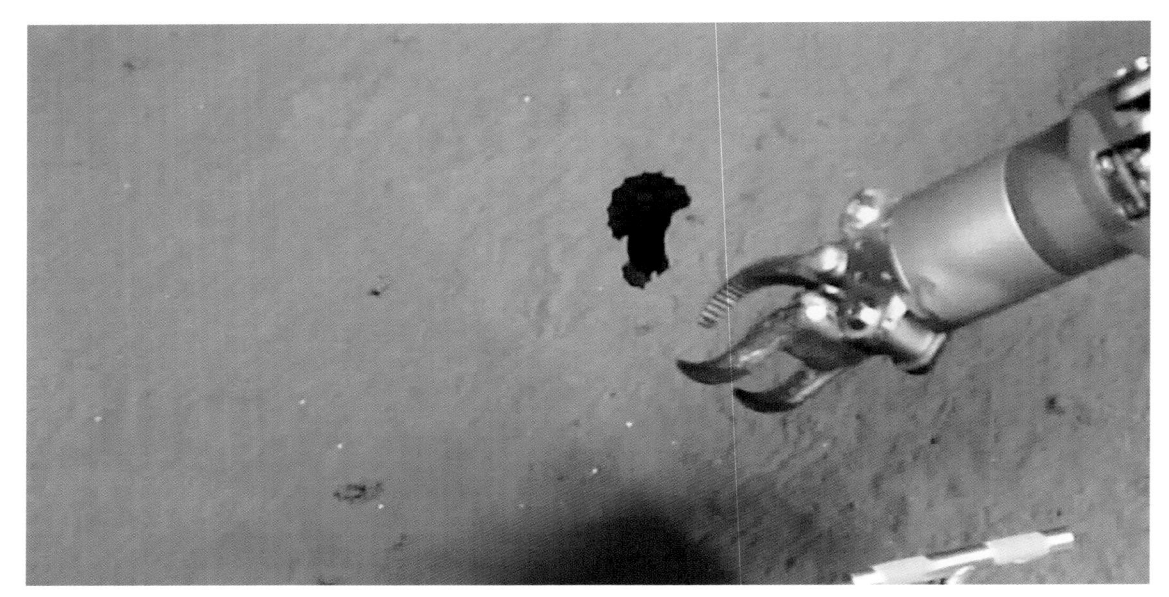

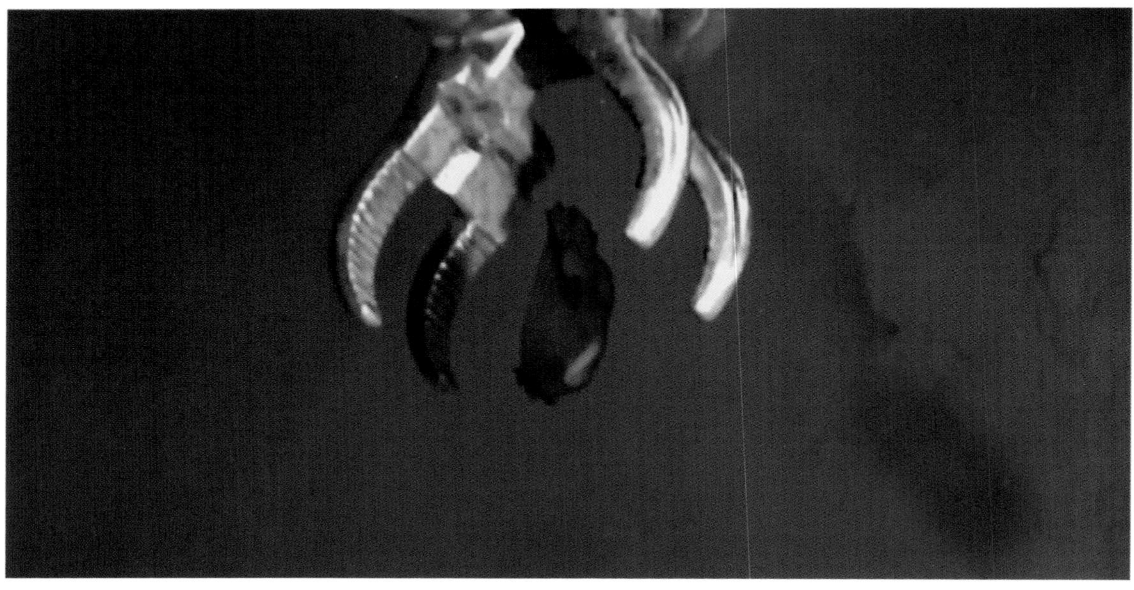

204. 游梦参属未定种 3 *Enypniastes* sp. 3

分类学地位

平足目 Order Elasipodida Théel, 1882

浮游海参科 Family Pelagothuriidae Ludwig, 1893

游梦参属 Genus *Enypniastes* Théel, 1882

采集地 马里亚纳岛弧区

深度 2522 m

205. 蝶参科未定种 Psychropotidae sp.

分类学地位

平足目 Order Elasipodida Théel, 1882

蝶参科 Family Psychropotidae Théel, 1882

采集地 帕里西维拉海盆

深度 6081 m

206. 蝶参属未定种 1 *Psychropotes* sp. 1

分类学地位

平足目 Order Elasipodida Théel, 1882

蝶参科 Family Psychropotidae Théel, 1882

蝶参属 Genus *Psychropotes* Théel, 1882

采集地 马里亚纳岛弧区

深度 2862 m

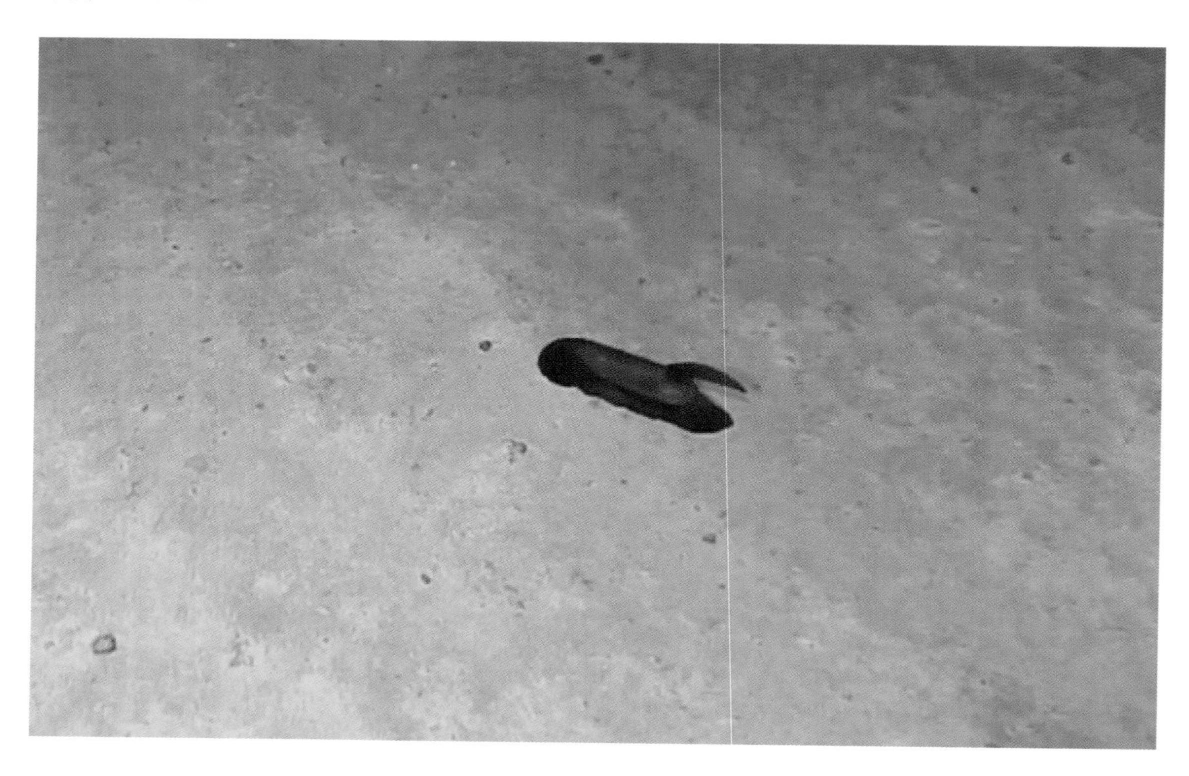

207. 蝶参属未定种 2 *Psychropotes* sp. 2

分类学地位

平足目 Order Elasipodida Théel, 1882

蝶参科 Family Psychropotidae Théel, 1882

蝶参属 Genus *Psychropotes* Théel, 1882

采集地 帕里西维拉海盆

深度 5595 m

208. 蝶参属未定种 3 *Psychropotes* sp. 3

分类学地位

平足目 Order Elasipodida Théel, 1882

蝶参科 Family Psychropotidae Théel, 1882

蝶参属 Genus *Psychropotes* Théel, 1882

采集地 马里亚纳岛弧区

深度 2720 m

209. 蝶参属未定种 4 *Psychropotes* sp. 4

分类学地位

平足目 Order Elasipodida Théel, 1882

蝶参科 Family Psychropotidae Théel, 1882

蝶参属 Genus *Psychropotes* Théel, 1882

采集地 雅浦弧前区

深度 3336～3396 m

210. 莫氏蝶参 *Psychropotes moskalevi* Gebruk & Kremenetskaia in Gebruk et al., 2020

分类学地位

平足目 Order Elasipodida Théel, 1882

蝶参科 Family Psychropotidae Théel, 1882

蝶参属 Genus *Psychropotes* Théel, 1882

采集地 帕里西维拉海盆

深度 5514～5663 m

211. 底游参属未定种 1 *Benthodytes* sp. 1

分类学地位

平足目 Order Elasipodida Théel, 1882

蝶参科 Family Psychropotidae Théel, 1882

底游参属 Genus *Benthodytes* Théel, 1882

采集地 帕里西维拉海盆

深度 6107 m

212. 底游参属未定种 2 *Benthodytes* sp. 2

分类学地位

平足目 Order Elasipodida Théel, 1882

蝶参科 Family Psychropotidae Théel, 1882

底游参属 Genus *Benthodytes* Théel, 1882

采集地 马里亚纳岛弧区

深度 2590 m

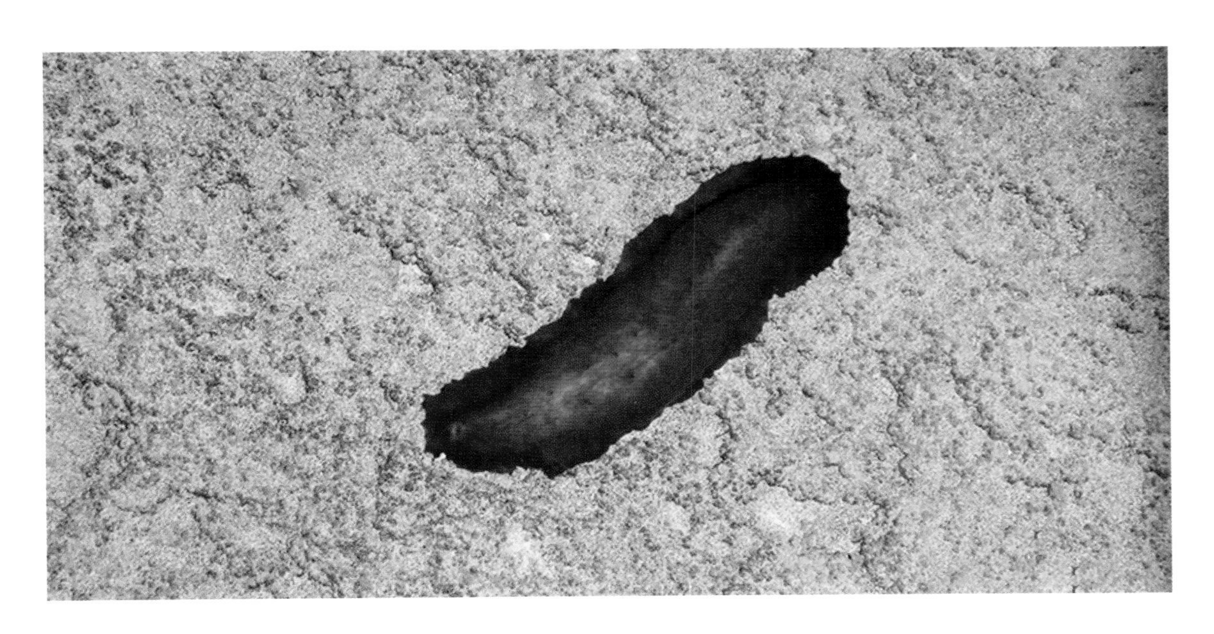

213. 底游参属未定种 3 *Benthodytes* sp. 3

分类学地位

平足目 Order Elasipodida Théel, 1882

蝶参科 Family Psychropotidae Théel, 1882

底游参属 Genus *Benthodytes* Théel, 1882

采集地 马里亚纳岛弧区

深度 2755～2893 m

214. 底游参属未定种 4 *Benthodytes* sp. 4

分类学地位

平足目 Order Elasipodida Théel, 1882

蝶参科 Family Psychropotidae Théel, 1882

底游参属 Genus *Benthodytes* Théel, 1882

采集地 马里亚纳岛弧区

深度 2385 m

215. 底游参属未定种 5 *Benthodytes* sp. 5

分类学地位

平足目 Order Elasipodida Théel, 1882

蝶参科 Family Psychropotidae Théel, 1882

底游参属 Genus *Benthodytes* Théel, 1882

采集地 雅浦海沟

深度 5000 m

216. 马里亚纳底游参 *Benthodytes marianensis* Li, Xiao, Zhang & Zhang, 2018

分类学地位

平足目 Order Elasipodida Théel, 1882

蝶参科 Family Psychropotidae Théel, 1882

底游参属 Genus *Benthodytes* Théel, 1882

采集地 马里亚纳海沟

深度 5567 m

217. 东参科未定种 1 Elpidiidae sp. 1

分类学地位

平足目 Order Elasipodida Théel, 1882

东参科 Family Elpidiidae Théel, 1882

采集地 菲律宾海中央裂谷带

深度 5794 m

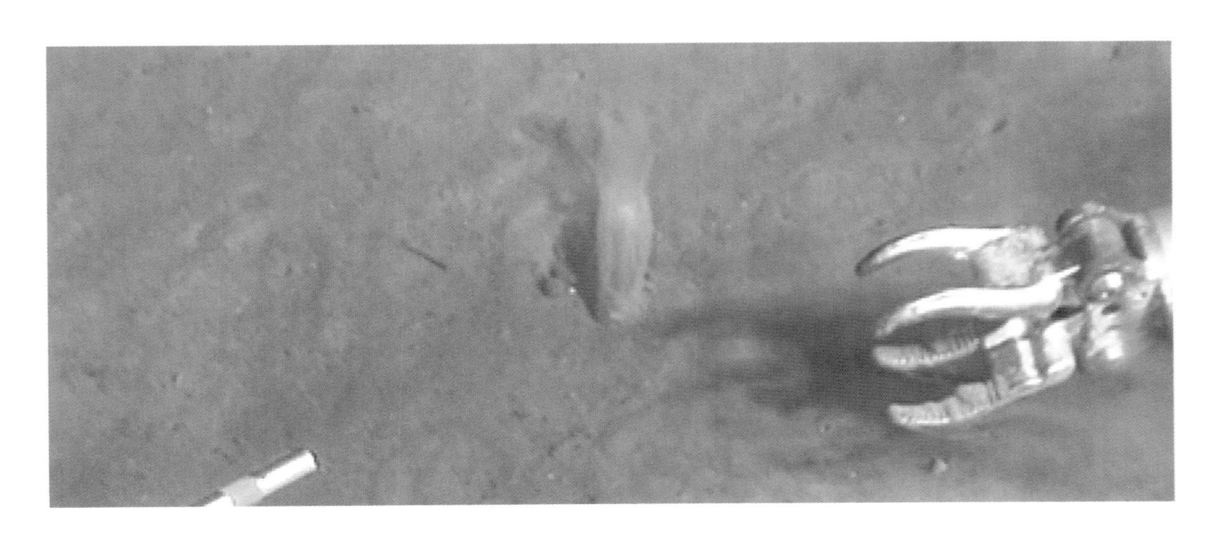

218. 东参科未定种 2 Elpidiidae sp. 2

分类学地位

平足目 Order Elasipodida Théel, 1882

东参科 Family Elpidiidae Théel, 1882

采集地 雅浦海沟

深度 6270 m

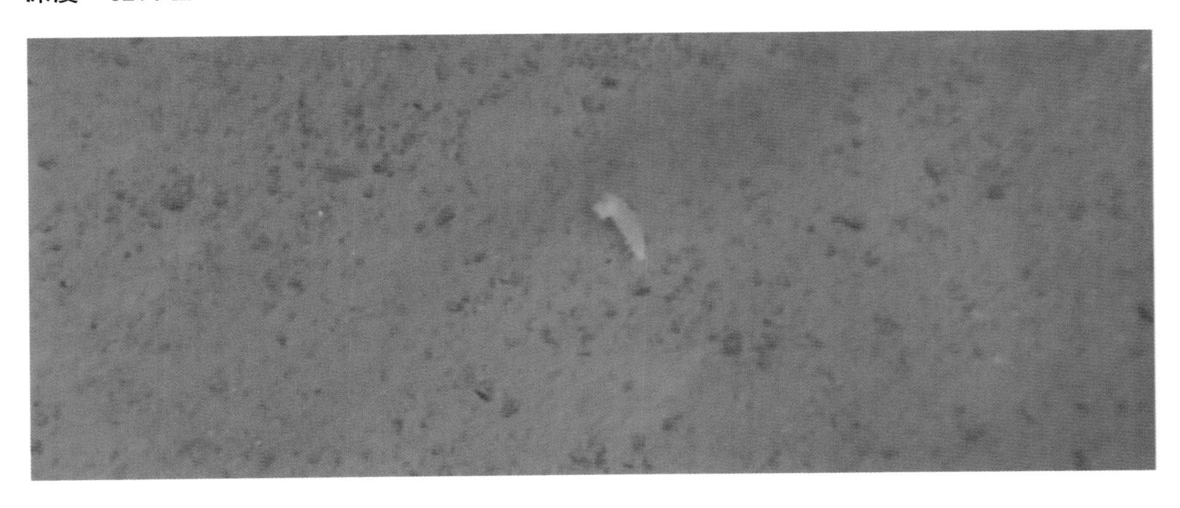

219. 东参科未定种 3 Elpidiidae sp. 3

分类学地位

平足目 Order Elasipodida Théel, 1882

东参科 Family Elpidiidae Théel, 1882

采集地 雅浦弧前区

深度 3395 m

220. 东参科未定种 4 Elpidiidae sp. 4

分类学地位

平足目 Order Elasipodida Théel, 1882

东参科 Family Elpidiidae Théel, 1882

采集地 马里亚纳海沟

深度 5480 m

221. 东参科未定种 5 Elpidiidae sp. 5

分类学地位

平足目 Order Elasipodida Théel, 1882

东参科 Family Elpidiidae Théel, 1882

采集地 雅浦海沟

深度 5000 m

222. 东参科未定种 6 Elpidiidae sp. 6

分类学地位

平足目 Order Elasipodida Théel, 1882

东参科 Family Elpidiidae Théel, 1882

采集地 雅浦海沟

深度 6620 m

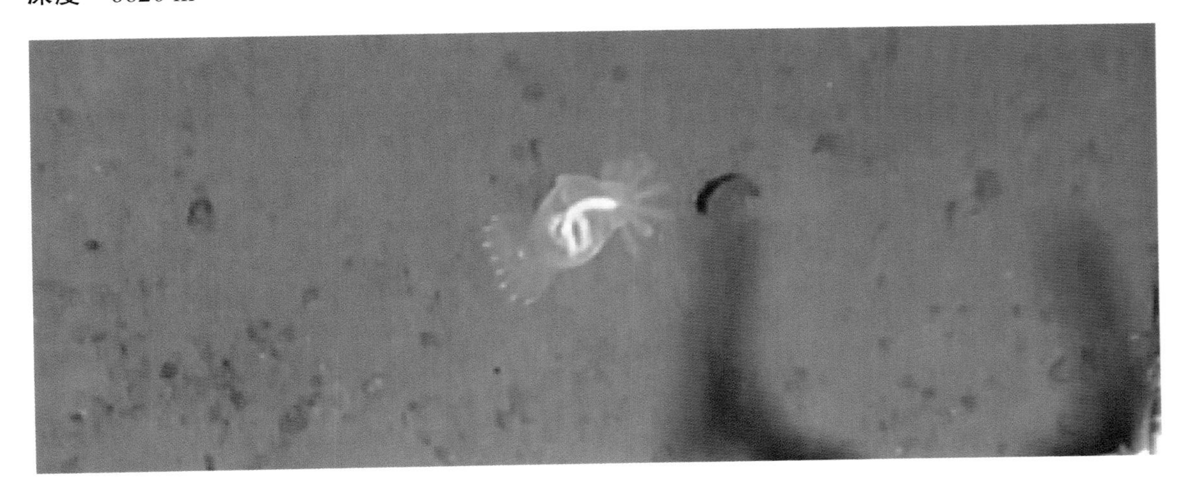

223. 东参科未定种 7 Elpidiidae sp. 7

分类学地位

平足目 Order Elasipodida Théel, 1882

东参科 Family Elpidiidae Théel, 1882

采集地 菲律宾海中央裂谷带

深度 7725 m

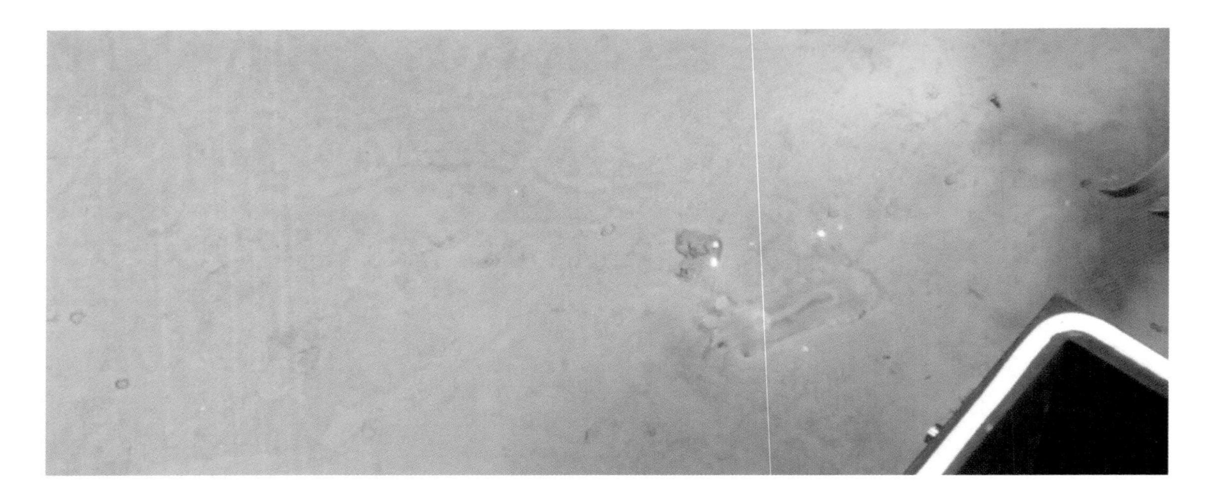

224. 东参科未定种 8 Elpidiidae sp. 8

分类学地位

平足目 Order Elasipodida Théel, 1882

东参科 Family Elpidiidae Théel, 1882

采集地 马里亚纳海沟

深度 10 870 m

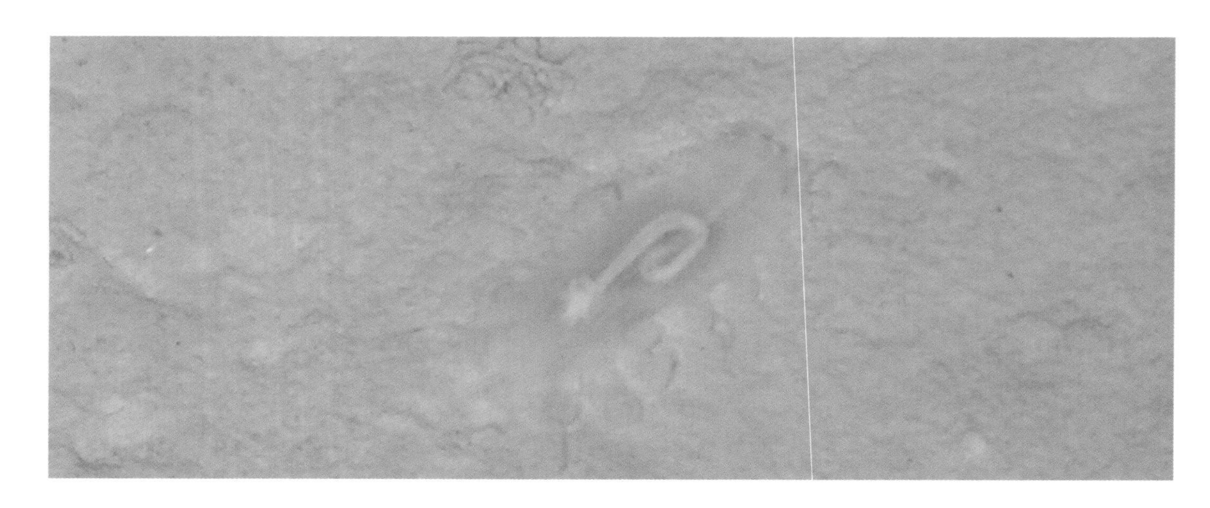

225. 叶疣参属未定种 1 *Peniagone* sp. 1

分类学地位

平足目 Order Elasipodida Théel, 1882

东参科 Family Elpidiidae Théel, 1882

叶疣参属 Genus *Peniagone* Théel, 1882

采集地 帕里西维拉海盆

深度 6124 m

226. 叶疣参属未定种 2 *Peniagone* sp. 2

分类学地位

平足目 Order Elasipodida Théel, 1882

东参科 Family Elpidiidae Théel, 1882

叶疣参属 Genus *Peniagone* Théel, 1882

采集地 帕里西维拉海盆

深度 5094 m

227. 叶疣参属未定种 3 *Peniagone* sp. 3

分类学地位

平足目 Order Elasipodida Théel, 1882

东参科 Family Elpidiidae Théel, 1882

叶疣参属 Genus *Peniagone* Théel, 1882

采集地 雅浦海沟

深度 5000 m

228. 叶疣参属未定种 4 *Peniagone* sp. 4

分类学地位

平足目 Order Elasipodida Théel, 1882

东参科 Family Elpidiidae Théel, 1882

叶疣参属 Genus *Peniagone* Théel, 1882

采集地 雅浦海沟

深度 5000 m

229. 叶疣参属未定种 5 *Peniagone* sp. 5

分类学地位

平足目 Order Elasipodida Théel, 1882

东参科 Family Elpidiidae Théel, 1882

叶疣参属 Genus *Peniagone* Théel, 1882

采集地 雅浦海沟

深度 5000 m

230. 叶疣参属未定种 6 *Peniagone* sp. 6

分类学地位

平足目 Order Elasipodida Théel, 1882

东参科 Family Elpidiidae Théel, 1882

叶疣参属 Genus *Peniagone* Théel, 1882

采集地 雅浦弧前区

深度 3428 m

231. 叶疣参属未定种 7 *Peniagone* sp. 7

分类学地位

平足目 Order Elasipodida Théel, 1882

东参科 Family Elpidiidae Théel, 1882

叶疣参属 Genus *Peniagone* Théel, 1882

采集地 马里亚纳海沟-雅浦海沟连接区

深度 3158 m

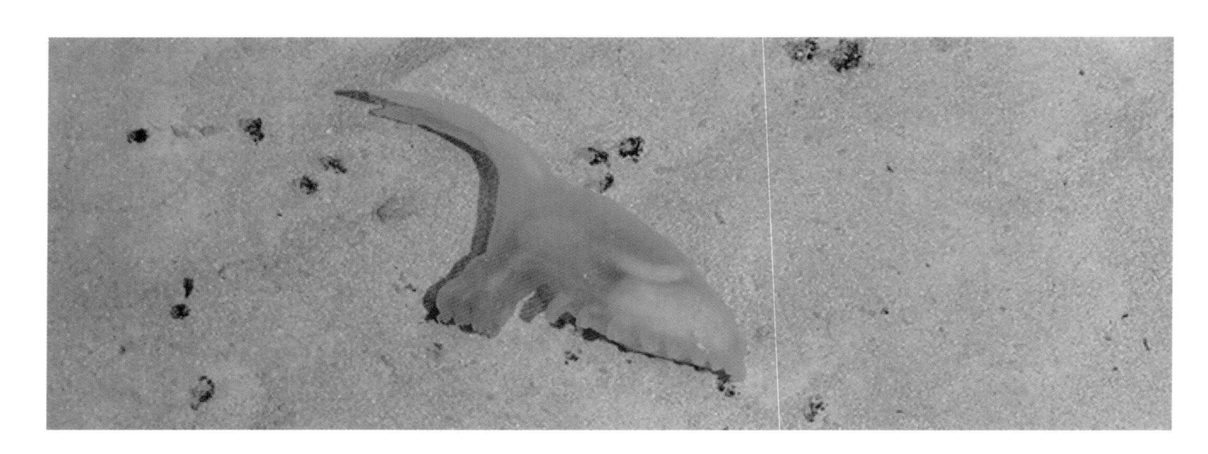

232. 叶疣参属未定种 8 *Peniagone* sp. 8

分类学地位

平足目 Order Elasipodida Théel, 1882

东参科 Family Elpidiidae Théel, 1882

叶疣参属 Genus *Peniagone* Théel, 1882

采集地 马里亚纳海沟

深度 8176 m

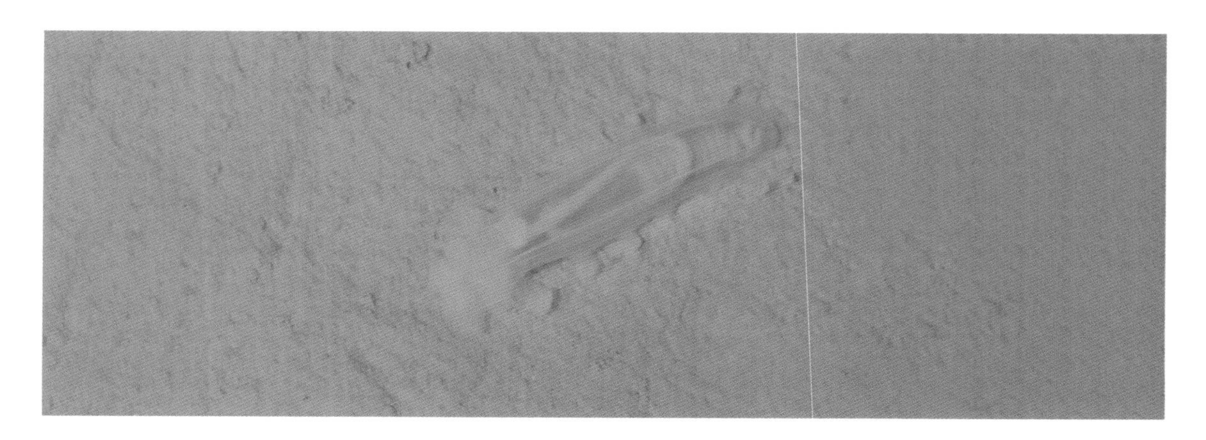

233. 叶疣参属未定种 9 *Peniagone* sp. 9

分类学地位

平足目 Order Elasipodida Théel, 1882

东参科 Family Elpidiidae Théel, 1882

叶疣参属 Genus *Peniagone* Théel, 1882

采集地 马里亚纳海沟

深度 7740 m

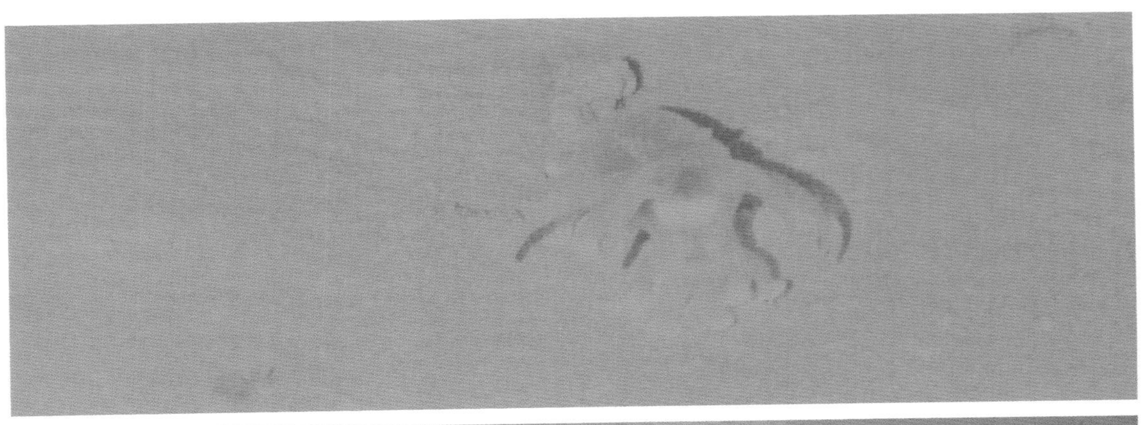

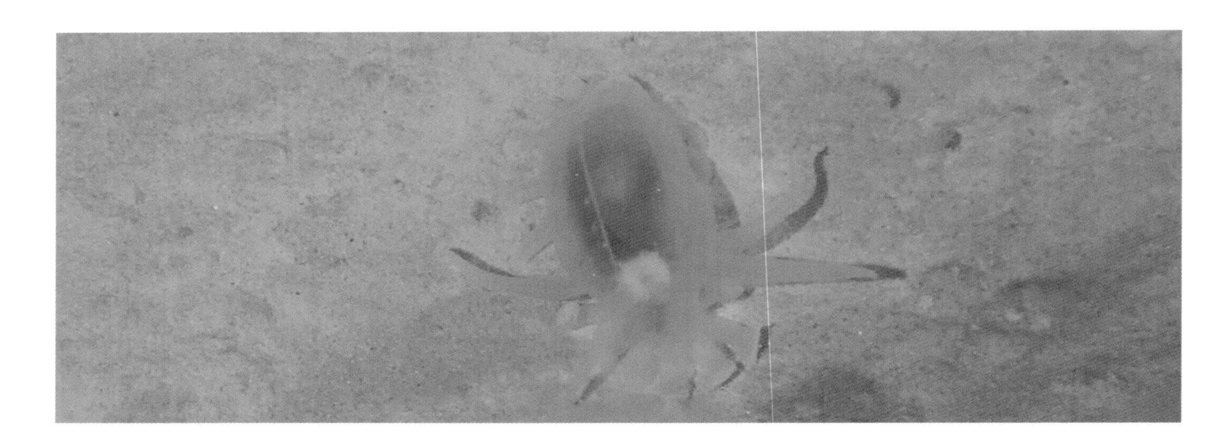

234. 叶疣参属未定种 10 *Peniagone* sp. 10

分类学地位

平足目 Order Elasipodida Théel, 1882

东参科 Family Elpidiidae Théel, 1882

叶疣参属 Genus *Peniagone* Théel, 1882

采集地 马里亚纳海沟

深度 9014 m

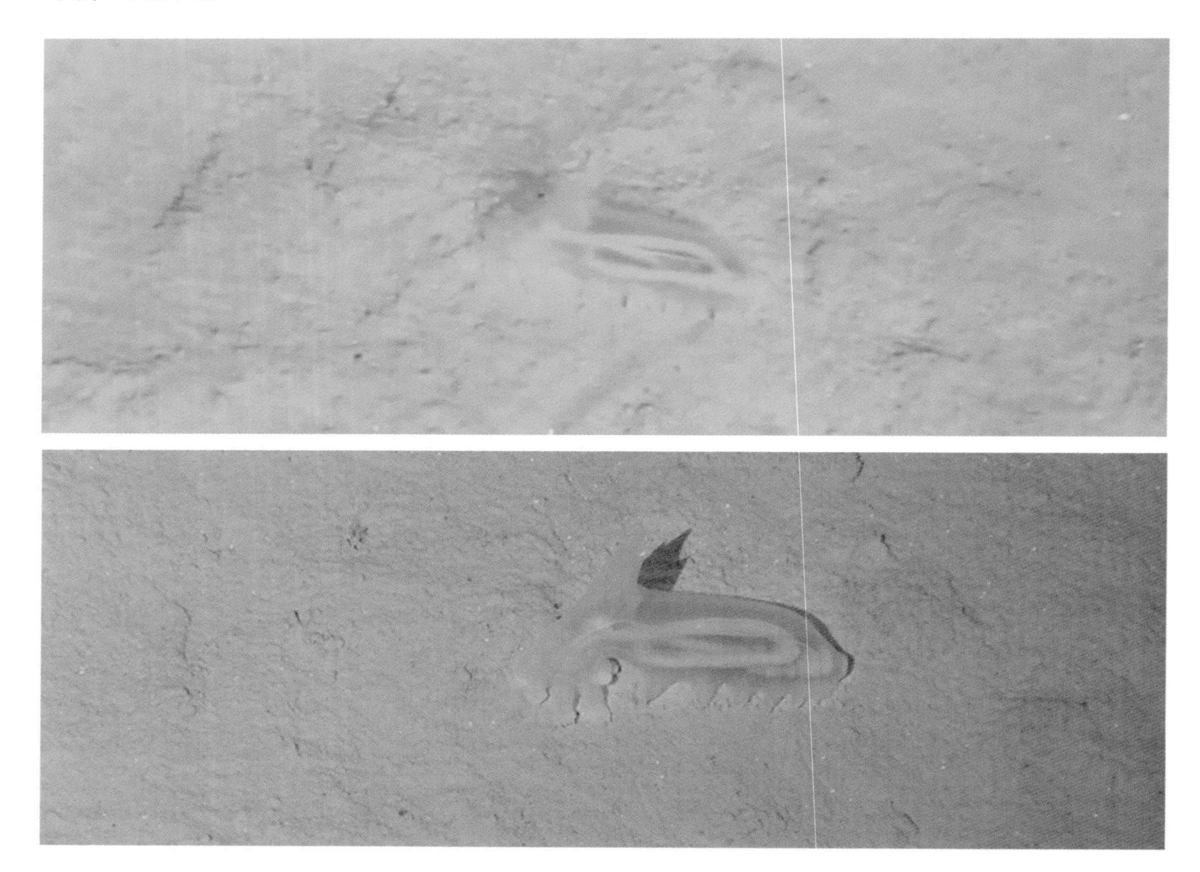

235. 叶疣参属未定种 11 *Peniagone* sp. 11

分类学地位

平足目 Order Elasipodida Théel, 1882

东参科 Family Elpidiidae Théel, 1882

叶疣参属 Genus *Peniagone* Théel, 1882

采集地 马里亚纳海沟

深度 9014 m

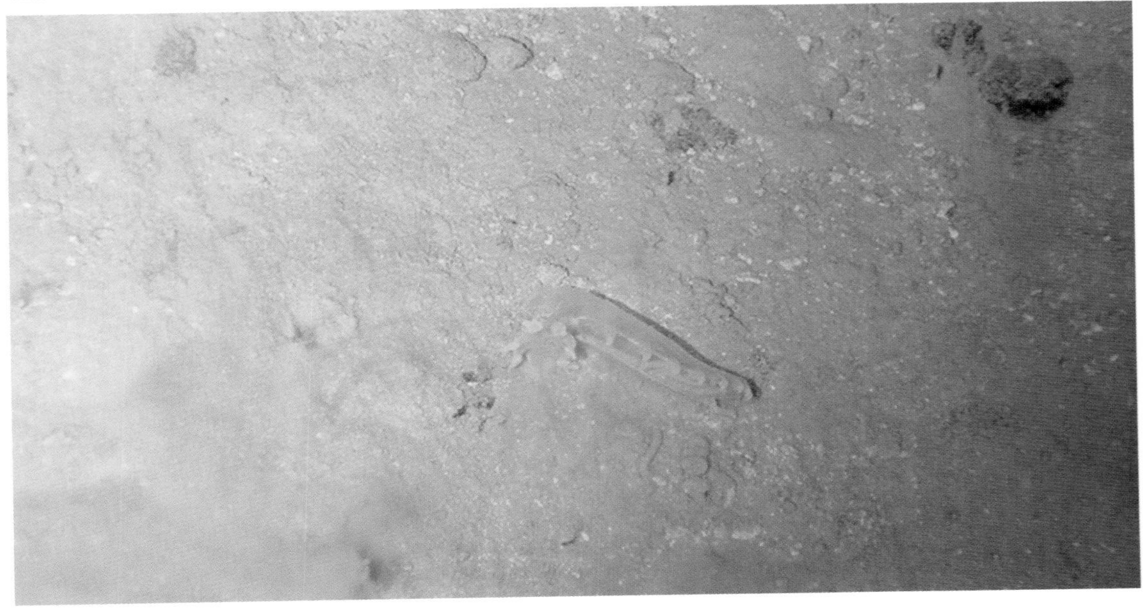

236. 叶疣参属未定种 12 *Peniagone* sp. 12

分类学地位

平足目 Order Elasipodida Théel, 1882

东参科 Family Elpidiidae Théel, 1882

叶疣参属 Genus *Peniagone* Théel, 1882

采集地 马里亚纳海沟

深度 9240～9254 m

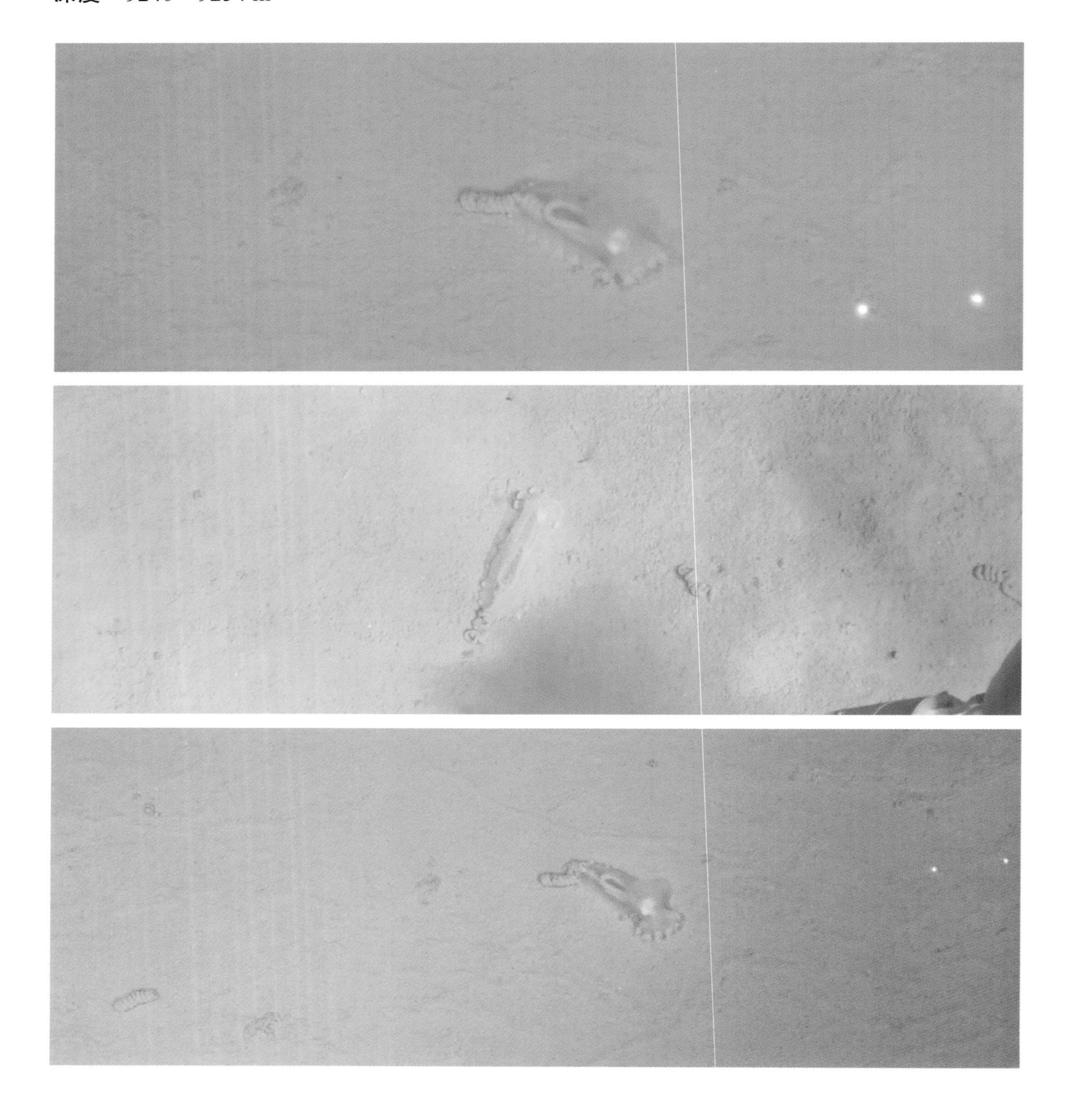

237. 叶疣参属未定种 13 *Peniagone* sp. 13

分类学地位

平足目 Order Elasipodida Théel, 1882

东参科 Family Elpidiidae Théel, 1882

叶疣参属 Genus *Peniagone* Théel, 1882

采集地 马里亚纳海沟

深度 9600 m

238. 叶疣参属未定种 14 *Peniagone* sp. 14

分类学地位

平足目 Order Elasipodida Théel, 1882

东参科 Family Elpidiidae Théel, 1882

叶疣参属 Genus *Peniagone* Théel, 1882

采集地 雅浦海沟

深度 5000 m

239. 暗游参属未定种 *Scotoplanes* sp.

分类学地位

平足目 Order Elasipodida Théel, 1882

东参科 Family Elpidiidae Théel, 1882

暗游参属 Genus *Scotoplanes* Théel, 1882

采集地 马里亚纳海沟

深度 9700 m

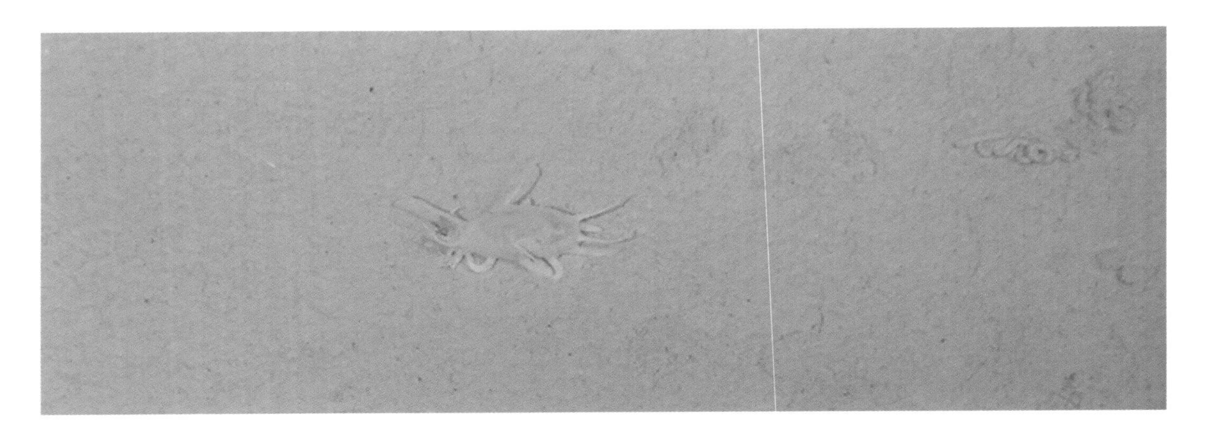

240. 利氏叶疣参 *Peniagone leander* Pawson & Foell, 1986

分类学地位

平足目 Order Elasipodida Théel, 1882

东参科 Family Elpidiidae Théel, 1882

叶疣参属 Genus *Peniagone* Théel, 1882

采集地 马里亚纳海沟

深度 5560 m

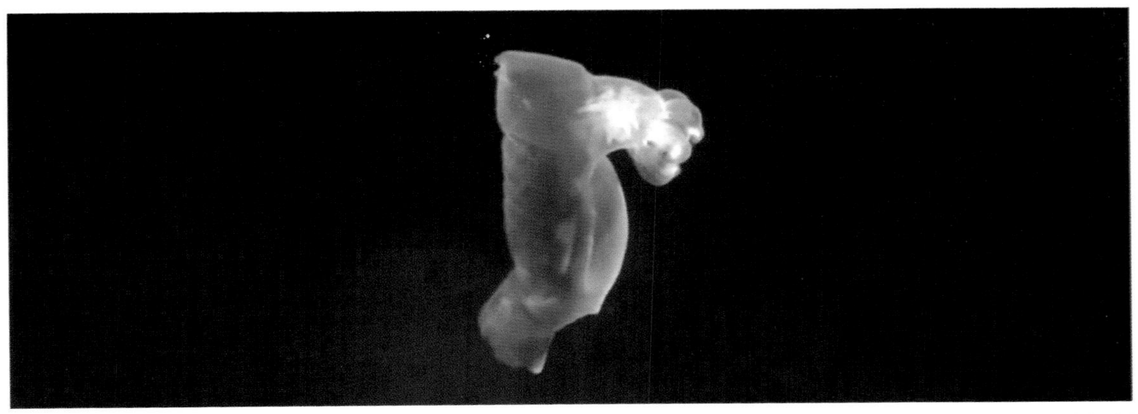

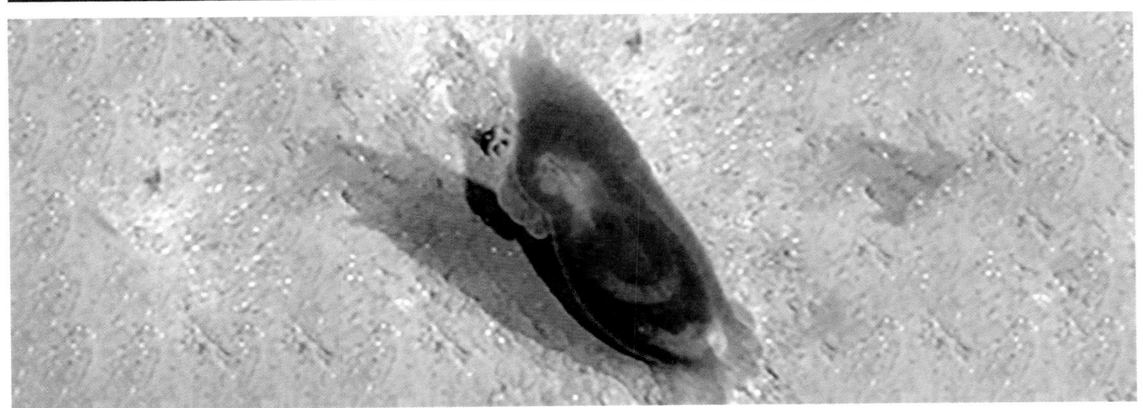

241. 间海参属未定种 *Mesothuria* sp.

分类学地位

海参目 Order Holothuriida Miller, Kerr, Paulay, Reich, Wilson, Carvajal & Rouse, 2017

间海参科 Family Mesothuriidae Smirnov, 2012

间海参属 Genus *Mesothuria* Ludwig, 1894

采集地 马里亚纳海沟-雅浦海沟连接区

深度 3257 m

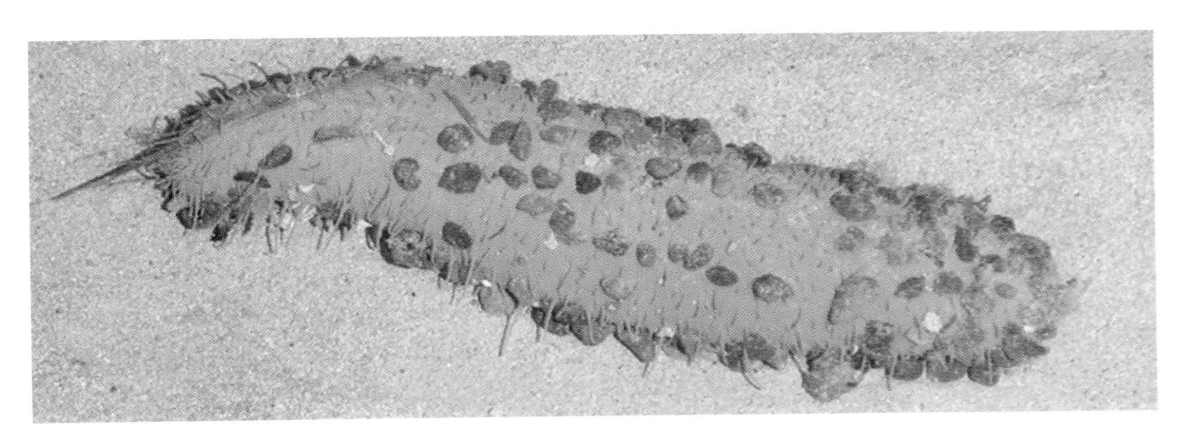

242. 海参纲未定种 1 Holothuroidea sp. 1

分类学地位

海参纲 Class Holothuroidea de Blainville, 1834

采集地 雅浦海沟

深度 6030～6350 m

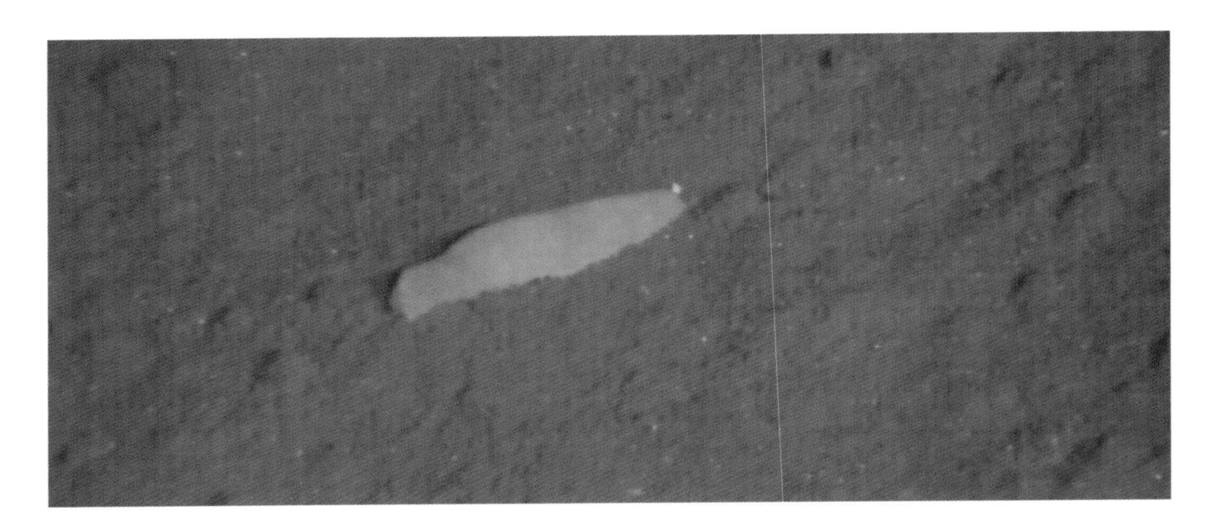

243. 海参纲未定种 2 Holothuroidea sp. 2

分类学地位

海参纲 Class Holothuroidea de Blainville, 1834

采集地 马里亚纳岛弧区

深度 3755 m

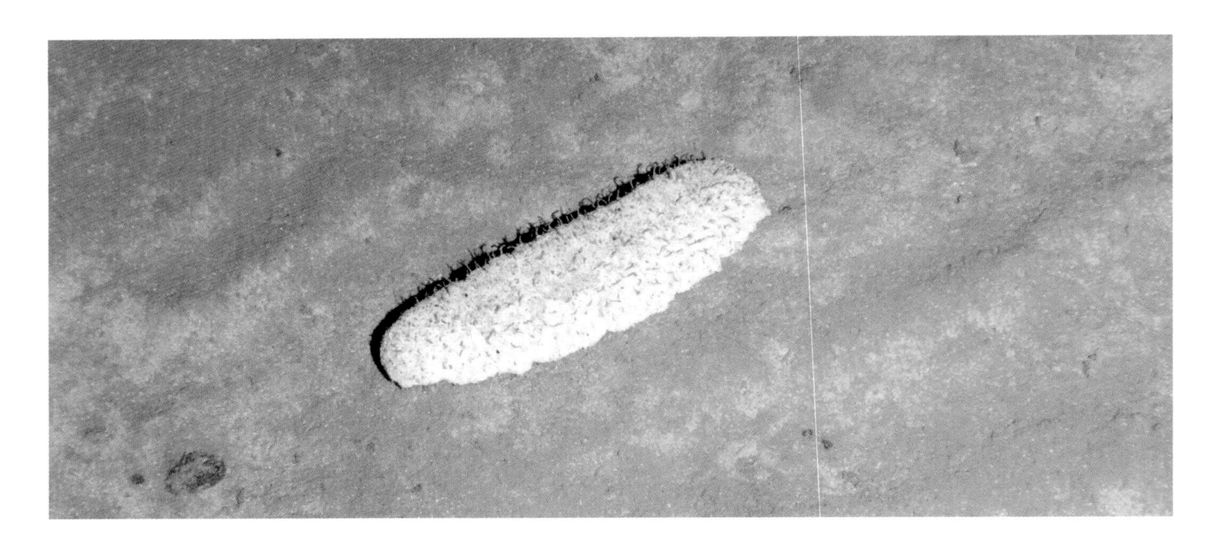

244. 海参纲未定种 3 Holothuroidea sp. 3

分类学地位

海参纲 Class Holothuroidea de Blainville, 1834

采集地 马里亚纳海沟

深度 6140 m

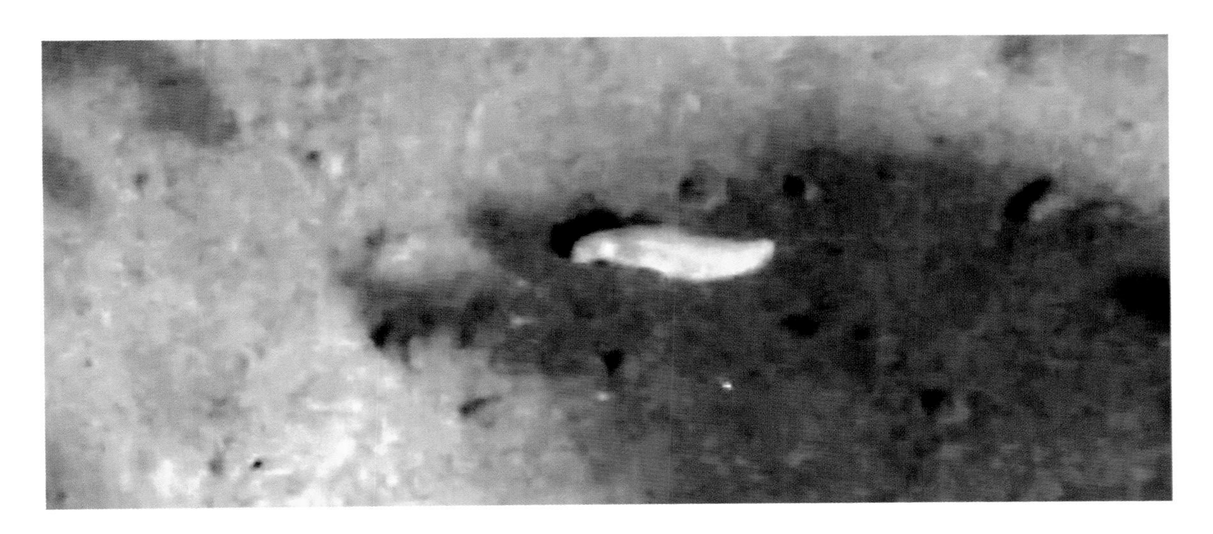

245. 海参纲未定种 4 Holothuroidea sp. 4

分类学地位

海参纲 Class Holothuroidea de Blainville, 1834

采集地 菲律宾海中央裂谷带

深度 6254 m

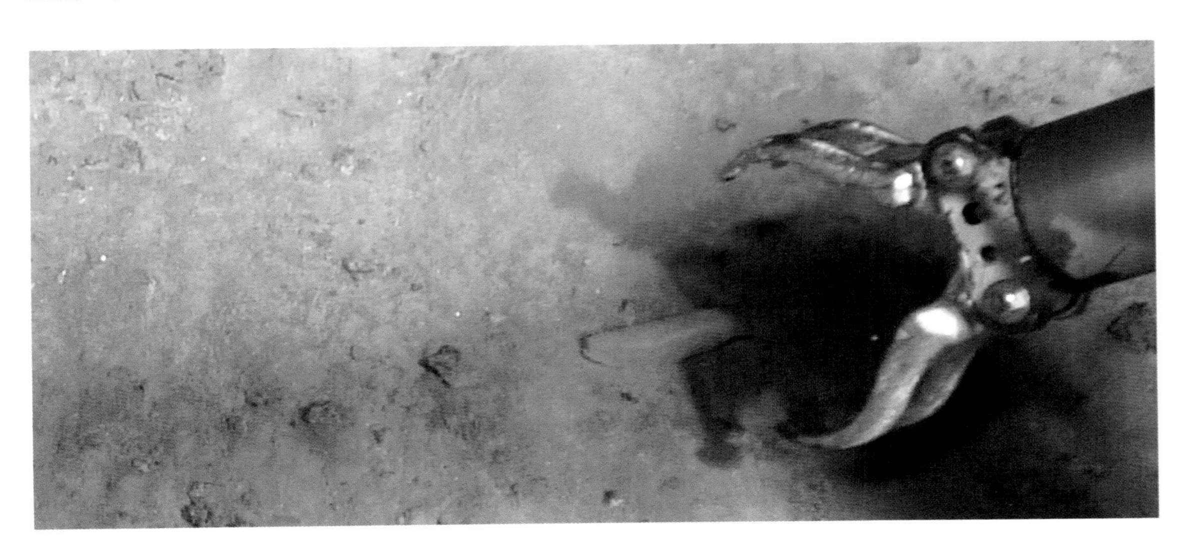

246. 海参纲未定种 5 Holothuroidea sp. 5

分类学地位

海参纲 Class Holothuroidea de Blainville, 1834

采集地 菲律宾海中央裂谷带

深度 6247 m

247. 海参纲未定种 6 Holothuroidea sp. 6

分类学地位

海参纲 Class Holothuroidea de Blainville, 1834

采集地 菲律宾海中央裂谷带

深度 6259 m

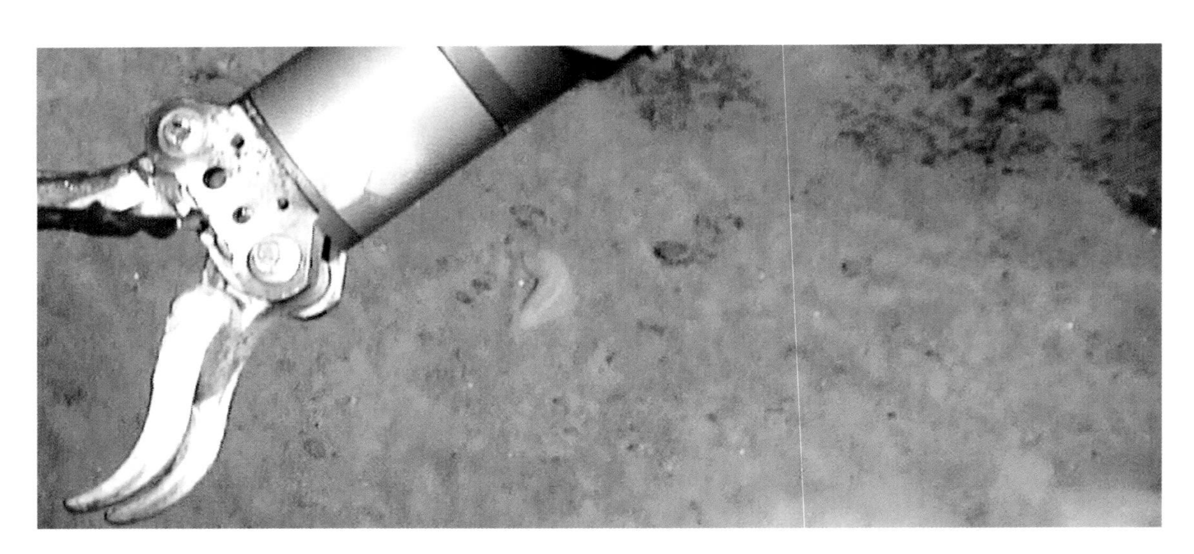

248. 海参纲未定种 7 Holothuroidea sp. 7

分类学地位

海参纲 Class Holothuroidea de Blainville, 1834

采集地 菲律宾海中央裂谷带

深度 6265 m

249. 海参纲未定种 8 Holothuroidea sp. 8

分类学地位

海参纲 Class Holothuroidea de Blainville, 1834

采集地 菲律宾海中央裂谷带

深度 6288 m

250. 海参纲未定种 9 Holothuroidea sp. 9

分类学地位

海参纲 Class Holothuroidea de Blainville, 1834

采集地 菲律宾海中央裂谷带

深度 6233 m

251. 海参纲未定种 10 Holothuroidea sp. 10

分类学地位

海参纲 Class Holothuroidea de Blainville, 1834

采集地 帕里西维拉海盆

深度 5669 m

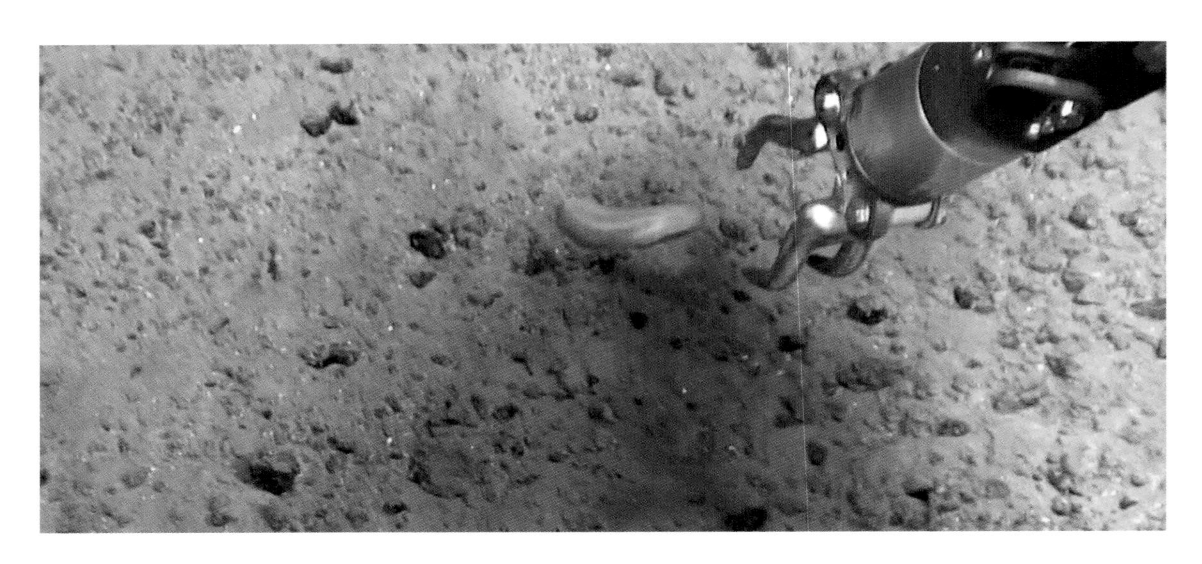

252. 海参纲未定种 11 Holothuroidea sp. 11

分类学地位

海参纲 Class Holothuroidea de Blainville, 1834

采集地 雅浦海沟

深度 6270 m

253. 海参纲未定种 12 Holothuroidea sp. 12

分类学地位

海参纲 Class Holothuroidea de Blainville, 1834

采集地 马里亚纳海沟

深度 6700 m

254. 海参纲未定种 13 Holothuroidea sp. 13

分类学地位

海参纲 Class Holothuroidea de Blainville, 1834

采集地 雅浦海沟

深度 6270 m

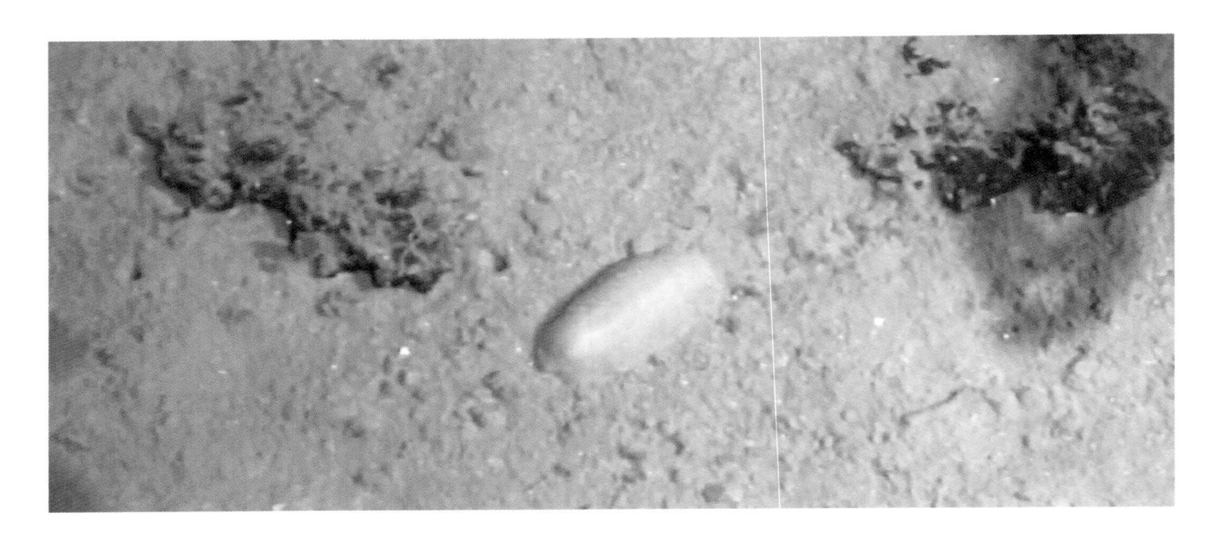

255. 海参纲未定种 14 Holothuroidea sp. 14

分类学地位

海参纲 Class Holothuroidea de Blainville, 1834

采集地 雅浦海沟

深度 6270 m

256. 海参纲未定种 15 Holothuroidea sp. 15

分类学地位

海参纲 Class Holothuroidea de Blainville, 1834

采集地 菲律宾海中央裂谷带

深度 6148 m

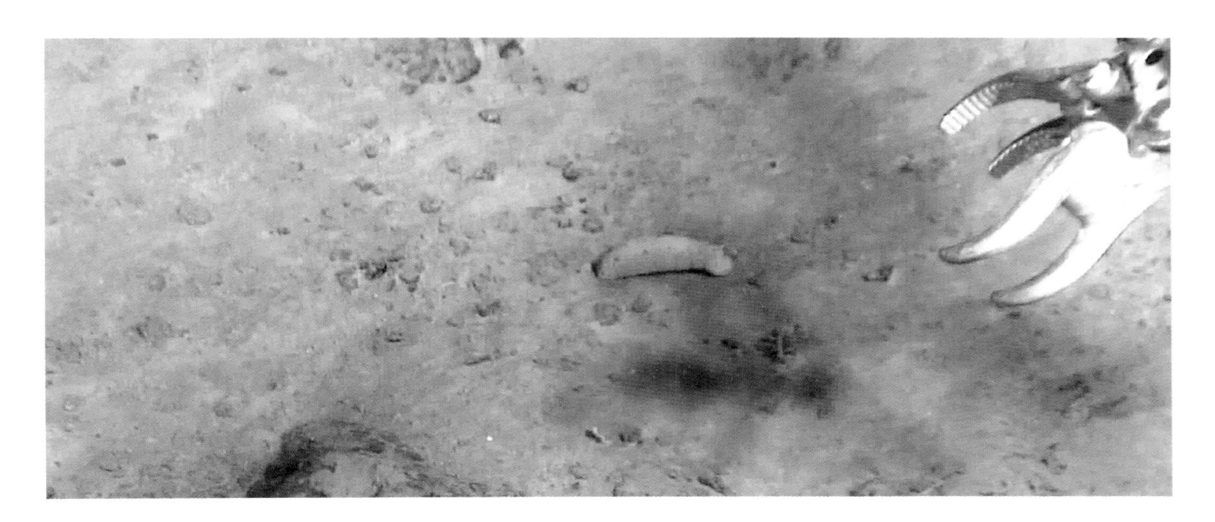

257. 海参纲未定种 16 Holothuroidea sp. 16

分类学地位

海参纲 Class Holothuroidea de Blainville, 1834

采集地 菲律宾海中央裂谷带

深度 6201 m

258. 海参纲未定种 17 Holothuroidea sp. 17

分类学地位

海参纲 Class Holothuroidea de Blainville, 1834

采集地 雅浦海沟

深度 6630 m

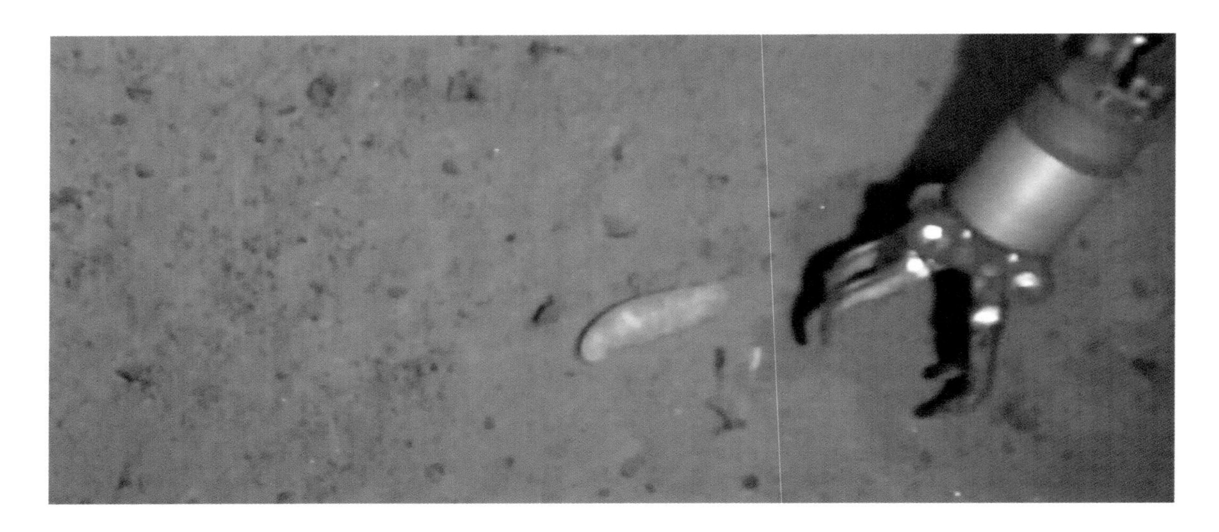

259. 海参纲未定种 18 Holothuroidea sp. 18

分类学地位

海参纲 Class Holothuroidea de Blainville, 1834

采集地 雅浦海沟

深度 6680 m

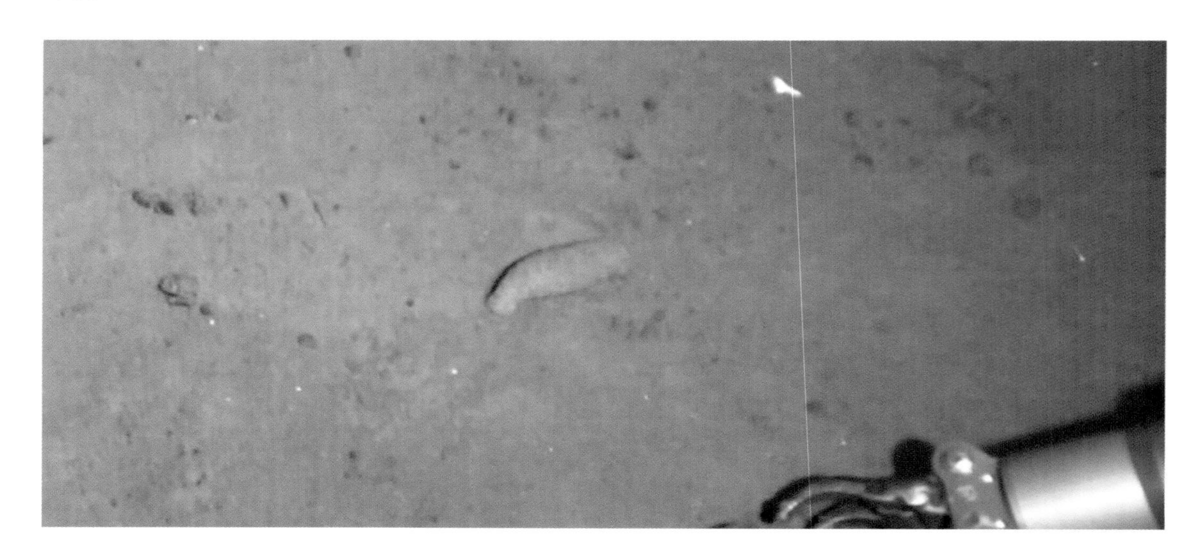

260. 海参纲未定种 19 Holothuroidea sp. 19

分类学地位

海参纲 Class Holothuroidea de Blainville, 1834

采集地 雅浦海沟

深度 6270 m

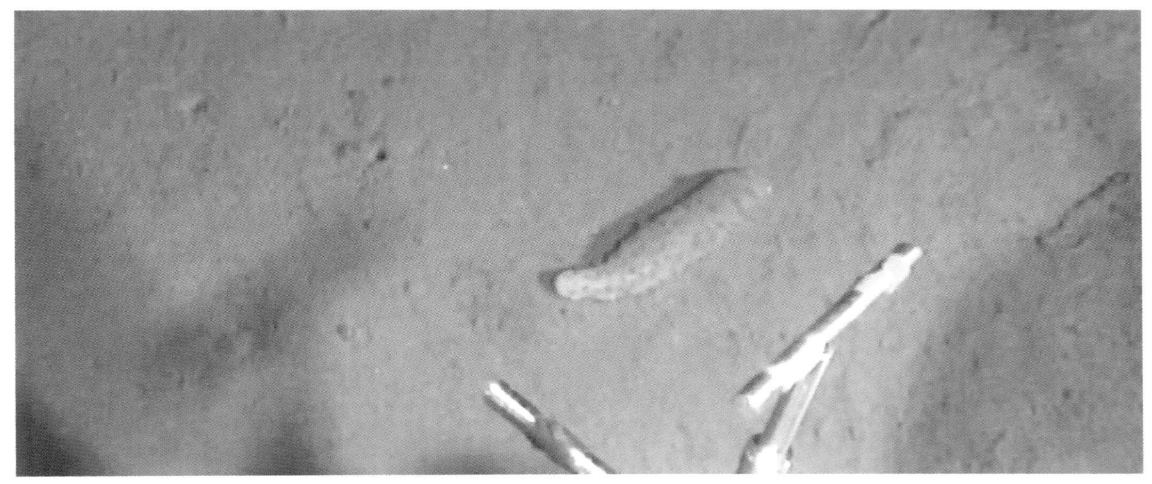

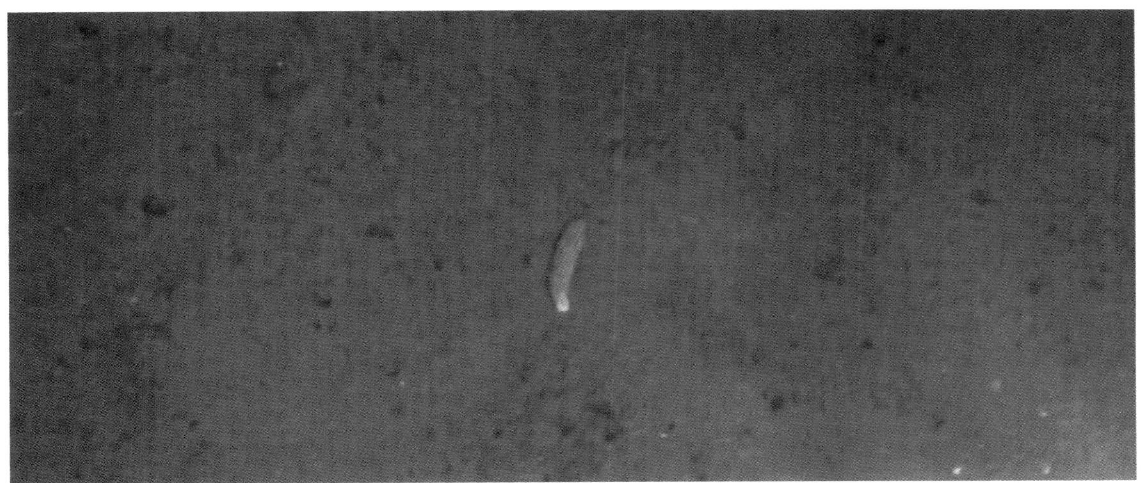

261. 海参纲未定种 20 Holothuroidea sp. 20

分类学地位

海参纲 Class Holothuroidea de Blainville, 1834

采集地 马里亚纳海沟

深度 6300 m

辐鳍鱼纲 Class Actinopterygii Klein, 1885

262. 海蜥鱼科未定种 **Halosauridae sp.**

分类学地位

背棘鱼目 Order Notacanthiformes Berg, 1947

海蜥鱼科 Family Halosauridae Günther, 1868

采集地 马里亚纳岛弧区

深度 2266 m

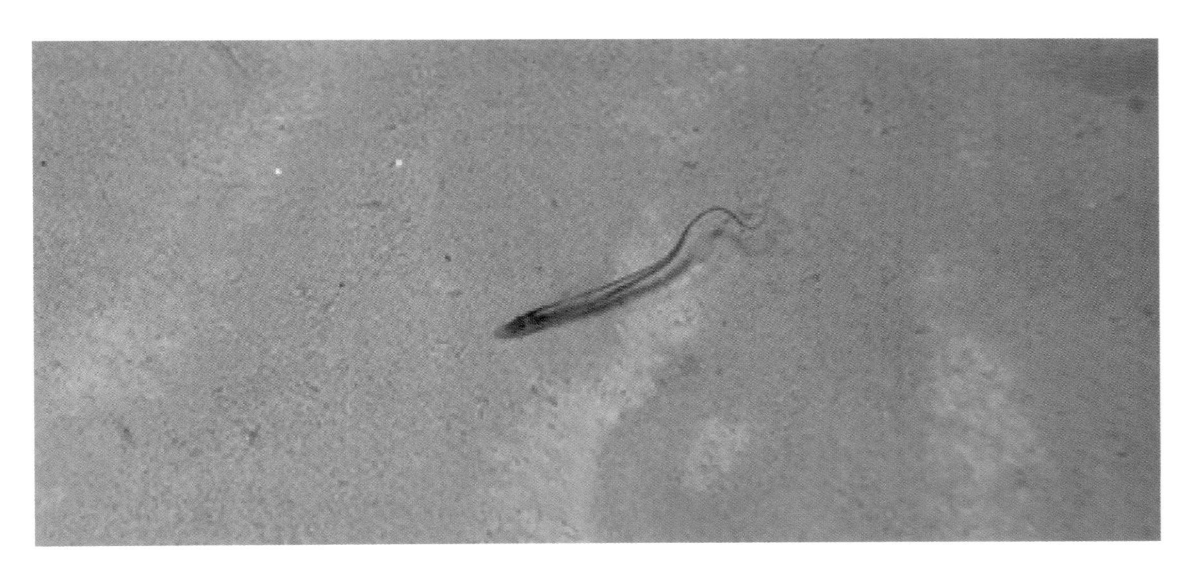

263. 异鳞海蜥鱼 ***Aldrovandia affinis*** **(Günther, 1877)**

分类学地位

背棘鱼目 Order Notacanthiformes

海蜥鱼科 Family Halosauridae Günther, 1868

海蜥鱼属 Genus *Aldrovandia* Goode & Bean, 1896

采集地 马里亚纳海沟-雅浦海沟连接区，马里亚纳岛弧区

深度 2900～3167 m

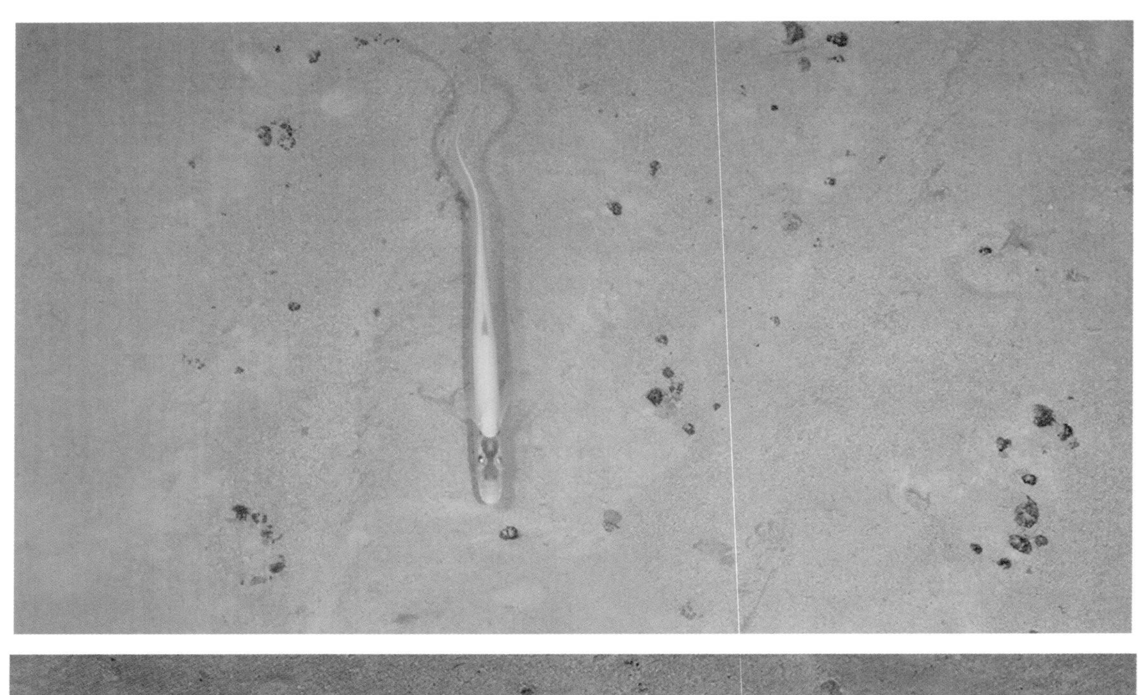

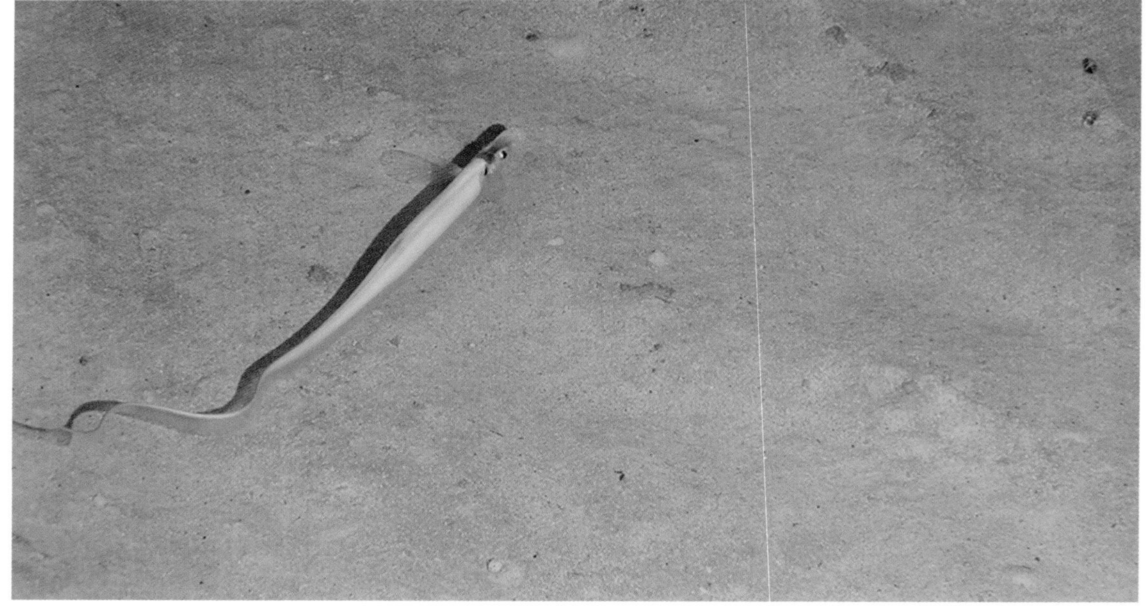

264. 鼬鳚科未定种 1 Ophidiidae sp. 1

分类学地位

鼬鳚目 Order Ophidiiformes Berg, 1937

鼬鳚科 Family Ophidiidae Rafinesque, 1810

采集地 菲律宾海中央裂谷带

深度 5471 m

265. 鼬鳚科未定种 2 Ophidiidae sp. 2

分类学地位

鼬鳚目 Order Ophidiiformes Berg, 1937

鼬鳚科 Family Ophidiidae Rafinesque, 1810

采集地 马里亚纳岛弧区

深度 3321 m

266. 鼬鳚科未定种 3 Ophidiidae sp. 3

分类学地位

鼬鳚目 Order Ophidiiformes Berg, 1937

鼬鳚科 Family Ophidiidae Rafinesque, 1810

采集地 马里亚纳岛弧区

深度 1380～1760 m

267. 鼬鳚科未定种 4 Ophidiidae sp. 4

分类学地位

鼬鳚目 Order Ophidiiformes Berg, 1937

鼬鳚科 Family Ophidiidae Rafinesque, 1810

采集地 马里亚纳岛弧区

深度 2520 m

268. 鼬鳚科未定种 5 Ophidiidae sp. 5

分类学地位

鼬鳚目 Order Ophidiiformes Berg, 1937

鼬鳚科 Family Ophidiidae Rafinesque, 1810

采集地 马里亚纳岛弧区

深度 3416 m

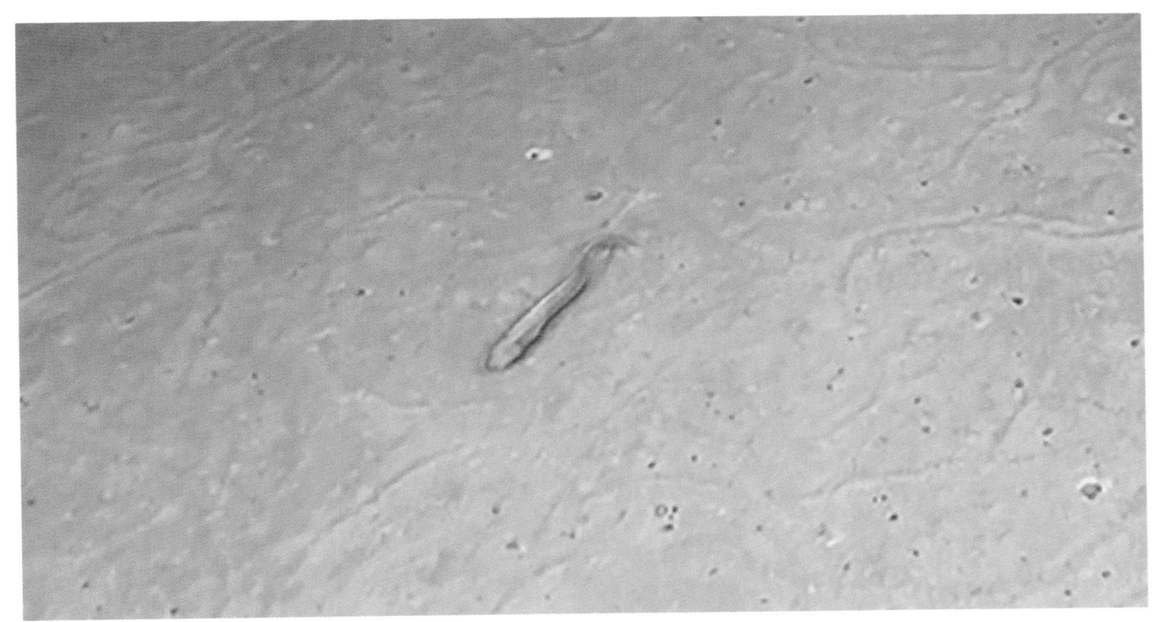

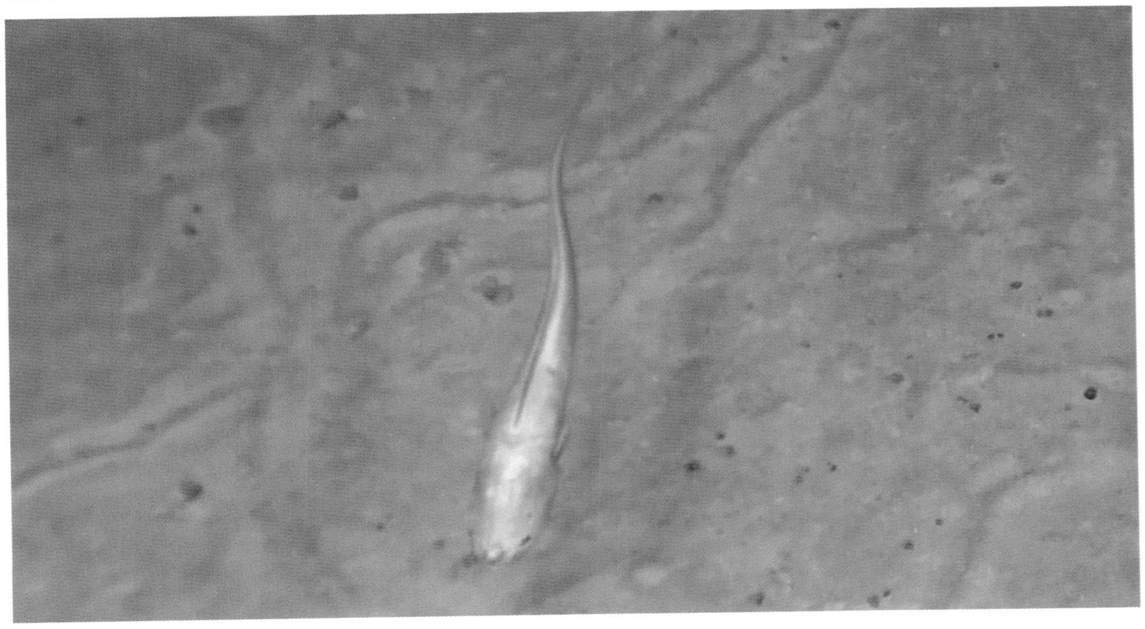

269. 鼬鳚科未定种 6 Ophidiidae sp. 6

分类学地位

鼬鳚目 Order Ophidiiformes Berg, 1937

鼬鳚科 Family Ophidiidae Rafinesque, 1810

采集地 雅浦海沟

深度 5100 m

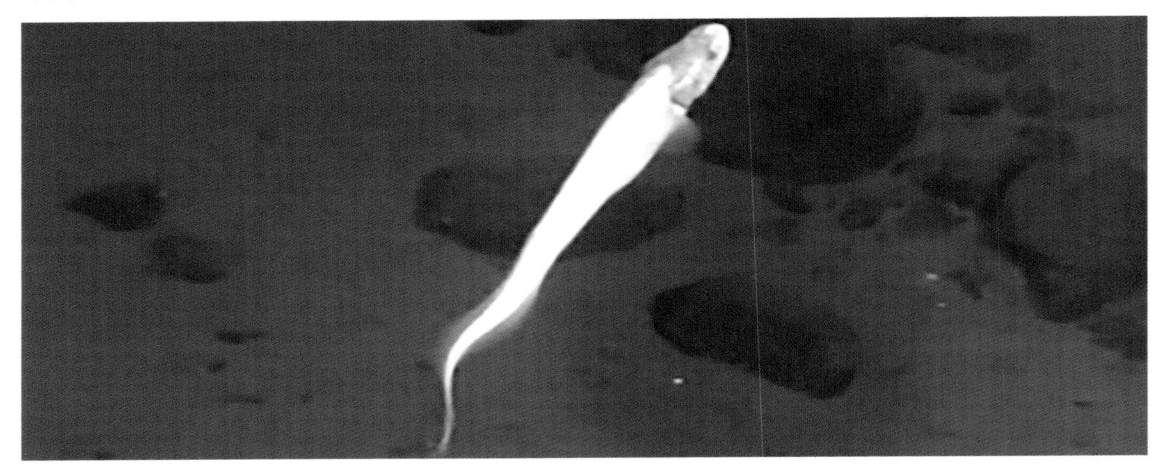

270. 鼬鳚科未定种 7 Ophidiidae sp. 7

分类学地位

鼬鳚目 Order Ophidiiformes Berg, 1937

鼬鳚科 Family Ophidiidae Rafinesque, 1810

采集地 马里亚纳岛弧区

深度 3158～3752 m

271. 鼬鳚目未定种 1 Ophidiiformes sp. 1

分类学地位

鼬鳚目 Order Ophidiiformes Berg, 1937

采集地 马里亚纳海沟

深度 6600 m

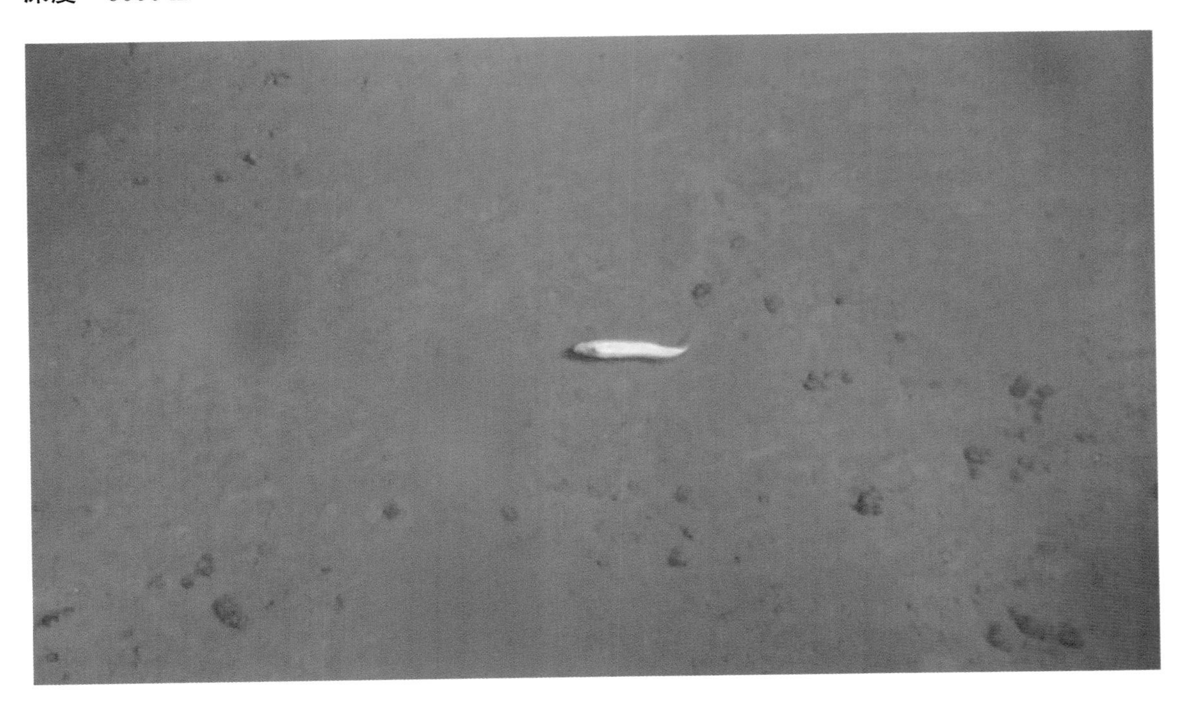

272. 鼬鳚目未定种 2 Ophidiiformes sp. 2

分类学地位

鼬鳚目 Order Ophidiiformes Berg, 1937

采集地 马里亚纳海沟

深度 4911 m

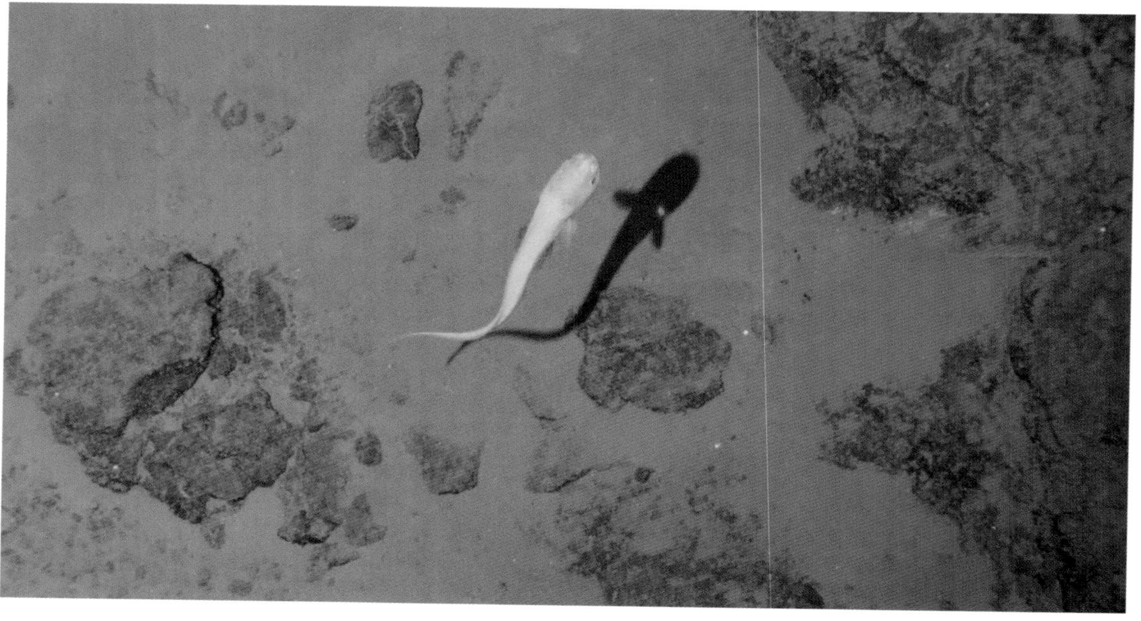

273. 鼬鳚目未定种 3 Ophidiiformes sp. 3

分类学地位

鼬鳚目 Order Ophidiiformes Berg, 1937

采集地 马里亚纳海沟

深度 6391 m

274. 野突吻鳕 *Coryphaenoides rudis* Günther, 1878

分类学地位

鳕形目 Order Gadiformes Goodrich, 1909

长尾鳕科 Family Macrouridae Bonaparte, 1831

突吻鳕属 Genus *Coryphaenoides* Gunnerus, 1765

采集地 马里亚纳海沟-雅浦海沟连接区

深度 3111 m

275. 长尾鳕科未定种 1 Macrouridae sp. 1

分类学地位

鳕形目 Order Gadiformes Goodrich, 1909

长尾鳕科 Family Macrouridae Bonaparte, 1831

采集地 马里亚纳海沟

深度 5500 m

276. 长尾鳕科未定种 2 Macrouridae sp. 2

分类学地位

鳕形目 Order Gadiformes Goodrich, 1909

长尾鳕科 Family Macrouridae Bonaparte, 1831

采集地 马里亚纳岛弧区

深度 2096 m

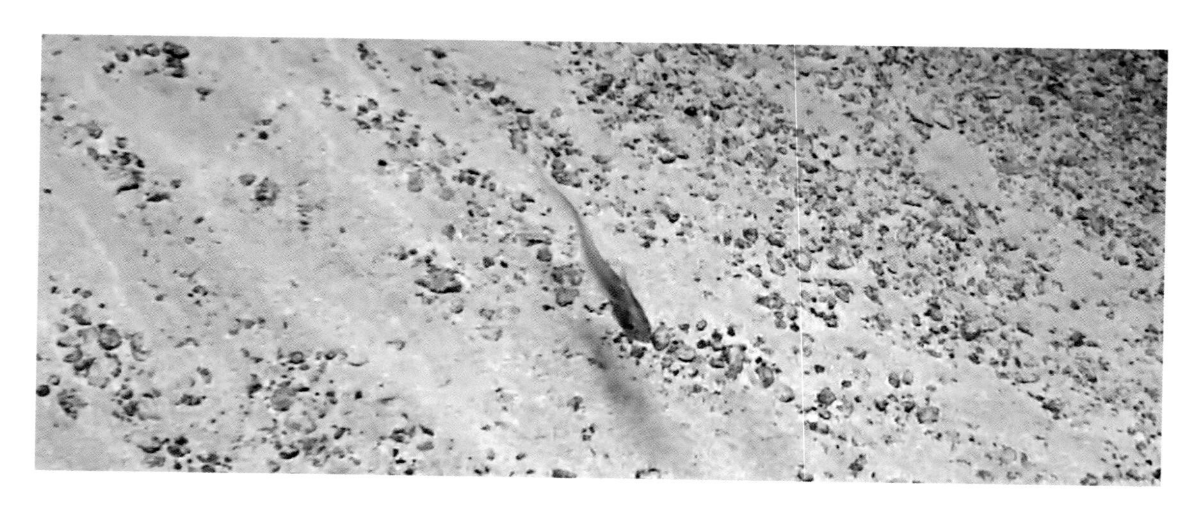

277. 合鳃鳗科未定种 1 Synaphobranchidae sp. 1

分类学地位

鳗鲡目 Order Anguilliformes Berg, 1943

合鳃鳗科 Family Synaphobranchidae Johnson, 1862

采集地 马里亚纳岛弧区

深度 1518 m

278. 合鳃鳗科未定种 2 Synaphobranchidae sp. 2

分类学地位

鳗鲡目 Order Anguilliformes Berg, 1943

合鳃鳗科 Family Synaphobranchidae Johnson, 1862

采集地 马里亚纳岛弧区

深度 2240 m

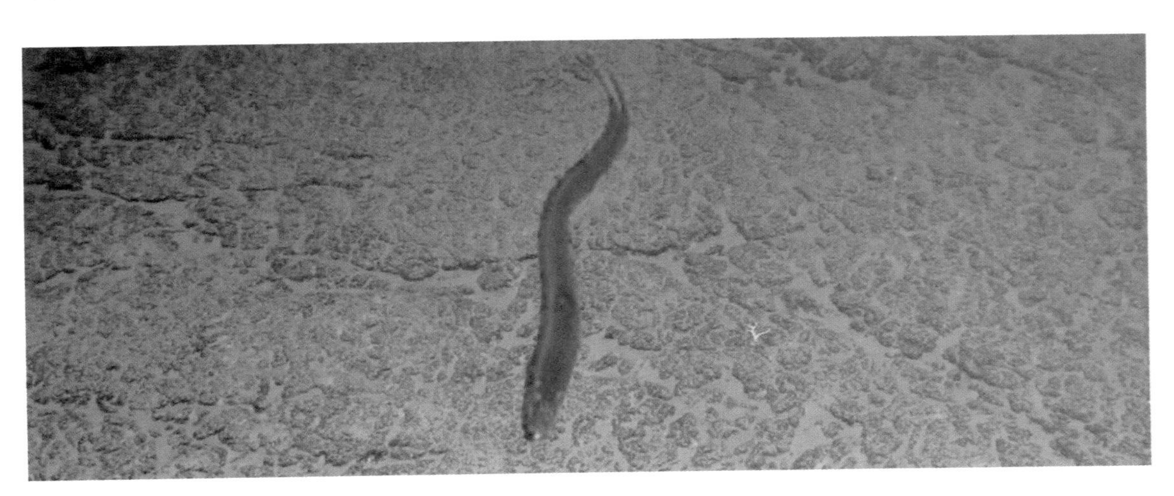

279. 合鳃鳗科未定种 3 Synaphobranchidae sp. 3

分类学地位

鳗鲡目 Order Anguilliformes Berg, 1943

合鳃鳗科 Family Synaphobranchidae Johnson, 1862

采集地 马里亚纳岛弧区

深度 3257 m

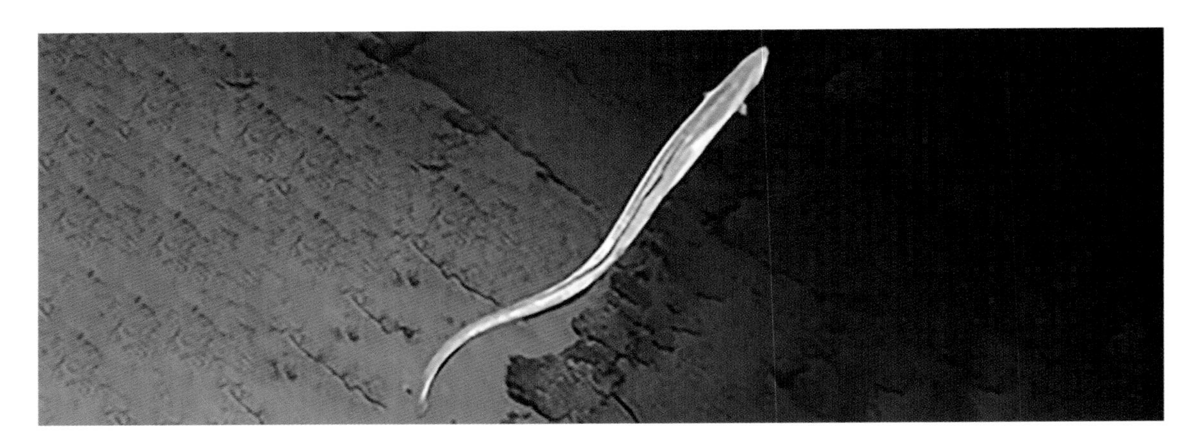

280. 合鳃鳗科未定种 4 Synaphobranchidae sp. 4

分类学地位

鳗鲡目 Order Anguilliformes Berg, 1943

合鳃鳗科 Family Synaphobranchidae Johnson, 1862

采集地 马里亚纳岛弧区

深度 3434 m

281. 合鳃鳗科未定种 5 Synaphobranchidae sp. 5

分类学地位

鳗鲡目 Order Anguilliformes Berg, 1943

合鳃鳗科 Family Synaphobranchidae Johnson, 1862

采集地 马里亚纳岛弧区

深度 1390 m

282. 鳗鲡目未定种 1 Anguilliformes sp. 1

分类学地位

鳗鲡目 Order Anguilliformes Berg, 1943

采集地 马里亚纳岛弧区

深度 1379 m

283. 鳗鲡目未定种 2 Anguilliformes sp. 2

分类学地位

鳗鲡目 Order Anguilliformes Berg, 1943

采集地 雅浦弧前区

深度 3570 m

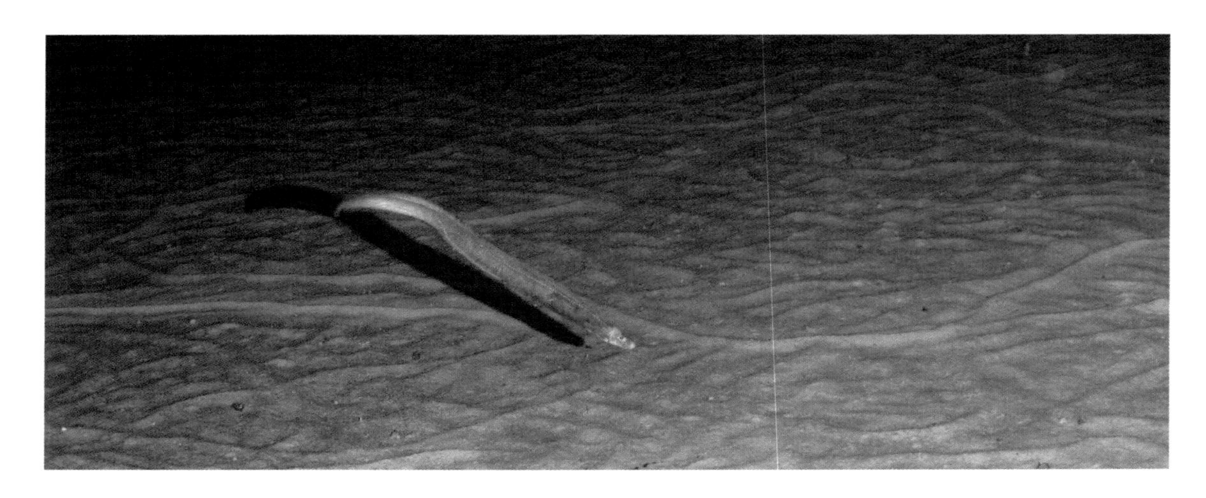

284. 尖吻深海蜥鱼 *Bathysaurus mollis* Günther, 1878

分类学地位

仙女鱼目 Order Aulopiformes Rosen, 1973

深海蜥鱼科 Family Bathysauridae Fowler, 1944

深海蜥鱼属 Genus *Bathysaurus* Günther, 1878

采集地 马里亚纳海沟与雅浦海沟连接区

深度 2100～2650 m

285. 狮子鱼科未定种 Liparidae sp.

鲉形目 Order Scorpaeniformes

狮子鱼科 Family Liparidae Gill, 1861

采集地 雅浦海沟

深度 6500 m

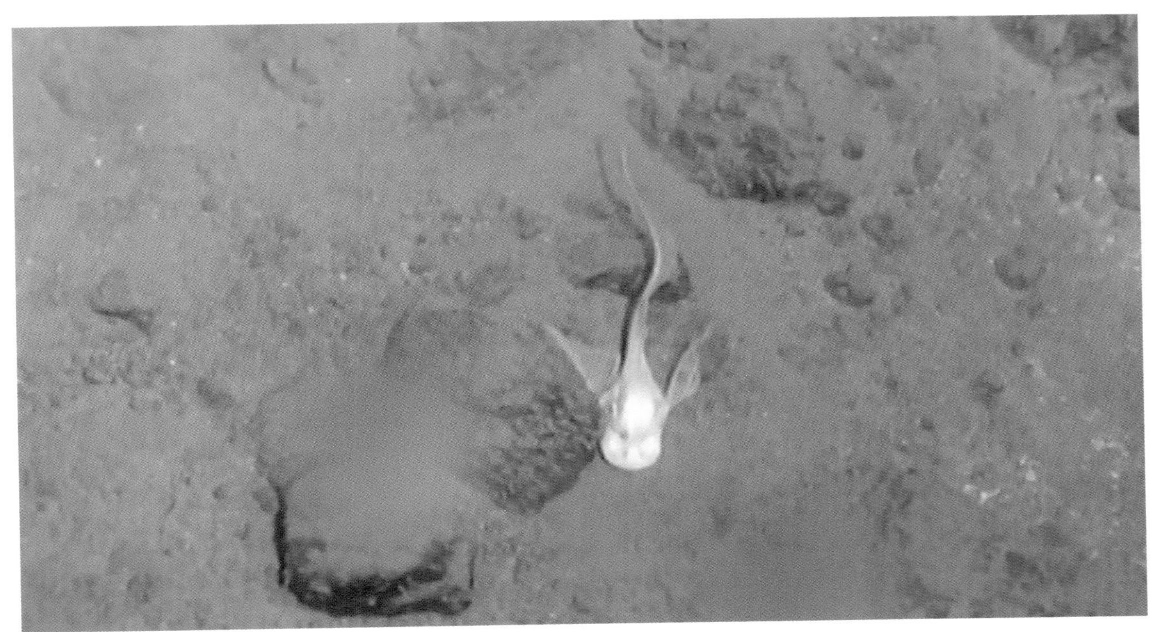

286. 深海奇鲷属未定种 *Abyssoberyx* sp.

分类学地位

金眼鲷目 Beryciformes

奇鲷科 Family Stephanoberycidae Gill, 1884

深海奇鲷属 Genus *Abyssoberyx* Merrett & Moore, 2005

采集地 雅浦海沟，菲律宾海中央裂谷带

深度 6021 m

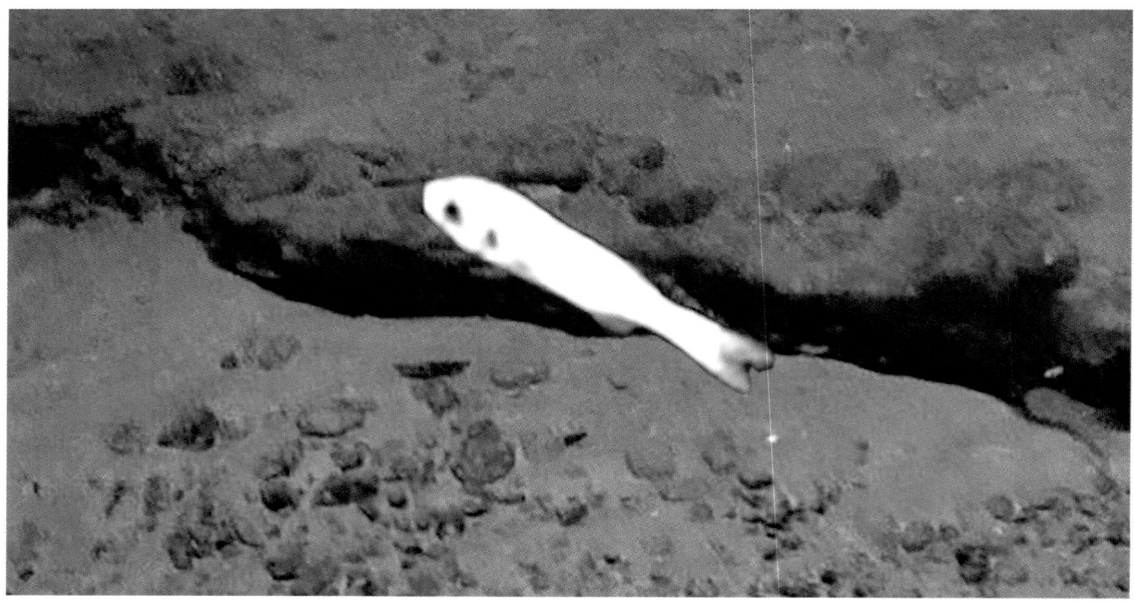

中文名索引

P

Q

R

S

T

W

X

Y

Z

拉丁名索引

U

V

W